FACHWISSEN FEUERWEHR

Büttner • Christ

Beseitigung von Öl und Kraftstoffen auf Straßenverkehrsflächen

ecomed
SICHERHEIT

Bibliografische Informationen der deutschen Nationalbibliothek

Die Deutsche Nationalbibliothek verzeichnet diese Publikation in der Deutschen Nationalbibliografie; detaillierte bibliografische Daten sind im Internet über http://www.dnb.de abrufbar.

Bei der Herstellung des Werkes haben wir uns zukunftsbewusst für umweltverträgliche und wiederverwertbare Materialien entschieden. Der Inhalt ist auf chlorfrei gebleichtes Papier gedruckt.

Nachweis der Fotos auf Umschlagseite 1:
Andreas Büttner und Dominique Christ
ISBN 978-3-609-68395-9

E-Mail: kundenservice@ecomed-storck.de

Telefon: 089/2183–7922
Telefax: 089/2183–7620

www.ecomed-storck.de

Druck: Westermann Druck, Zwickau

Vorwort

Die Anforderungen an die Angehörigen der Feuerwehren haben sich im Laufe der letzten Jahre erheblich verändert. Genügten früher die Kenntnisse der normalen Brandbekämpfung, müssen heute selbst kleinere Feuerwehren die unterschiedlichsten Notlagen meistern können, um in Not geratene Menschen oder Tiere zu retten, Sachwerte zu erhalten und die Umwelt vor Schaden zu bewahren.

Dies ist jedoch nur möglich, wenn für alle Feuerwehrangehörigen eine umfassende und wirksame Aus- und Weiterbildung durchgeführt wird. Diese Forderung steht jedoch dem Problem gegenüber, dass diese Aus- und Weiterbildung von den meist freiwillig tätigen Angehörigen der Feuerwehren zusätzlich zu den immer weiter steigenden Anforderungen in deren Berufsleben und den vielfältigen Verpflichtungen im privaten oder familiären Bereich geleistet werden muss.

Letztlich liegt es an jedem Feuerwehrangehörigen selbst, ob und in welchem Umfang er bereit ist, sich durch eine regelmäßige und aktive Teilnahme an der angebotenen Aus- und Weiterbildung den gesteigerten Anforderungen der Feuerwehr zu stellen.

Das Ziel der Broschürenreihe „Fachwissen Feuerwehr" besteht darin, die Feuerwehrangehörigen mit dem Wissen auszustatten, das in der heutigen Zeit erforderlich ist, um aufgabengerecht und wirkungsvoll tätig zu werden. Sie wird vorrangig für die Feuerwehrangehörigen herausgegeben, die erstmals in das Thema Feuerwehr „einsteigen" und für diejenigen, die sich ein solides Basiswissen aneignen möchten.

Die Inhalte der Broschüren entsprechen weitgehend den Inhalten der Feuerwehr-Dienstvorschrift FwDV 2 „Ausbildung der Freiwilligen Feuerwehren" und den daraus abgeleiteten Lernzielkatalogen. Deshalb können die Broschüren auch gut zur Lehrgangsvorbereitung und -begleitung genutzt werden.

Vorwort

Die Texte und Abbildungen sind in leicht verständlicher Weise dargestellt, Hinweise und Merksätze filtern die für die Praxis wichtigen Informationen heraus. Die Funktionsbezeichnungen und personenbezogenen Begriffe gelten sowohl für weibliche, männliche oder diverse Feuerwehrangehörige.

Der Einsatz „Ölspur“ oder „auslaufende Betriebsstoffe“ ist jedem Feuerwehrangehörigen in Deutschland bekannt. „Da fahren wir schnell mal hin und streuen ab...“ Trotzdem bleiben hier viele Fragen offen. Dieses Heft soll jedem Feuerwehrangehörigen helfen, die Fragestellungen...

- Wie ist die rechtliche Situation?
- Welche Maßnahmen sind an der Einsatzstelle notwendig?
- Wie müssen die ersten Arbeitsschritte erfolgen?
- Welche Beseitigungsmaßnahmen gibt es und wie müssen diese vorgenommen werden?
- Wer darf eine gereinigte Verkehrsfläche für den Verkehr freigeben?
- Welche Handgriffe folgen nach der erfolgreichen Beseitigung der Ölspur?

beantworten zu können.

Bei Verunreinigung durch Öl oder Kraftstoff muss schnell und richtig reagiert werden, um gefährliche oder tödliche Unfälle auf rutschiger Fahrbahn zu vermeiden. Damit dies korrekt erfolgen kann, ist es wichtig, dass Einsatzkräfte sofort wissen, was zu tun ist.

Die Broschüre „Beseitigung von Öl und Kraftstoffen auf Straßenverkehrsflächen“ befasst sich mit der Problematik, die bei dieser Einsatzart auftreten kann. Die rechtlichen Grundlagen, über die Erstmaßnahmen bis hin zur Freigabe werden in leicht verständlicher Weise dargestellt und beschrieben. Es werden aber auch Hintergrundinformationen geliefert. Die Eigenschaften der Stoffe und die Gefahren an der Einsatzstelle sind schriftlich wie bildlich aufgezeigt.

Karlstadt, August 2020 — Andreas Büttner
Poppenhausen, August 2020 — Dominique Christ

Inhalt

Vorwort 3

1 **Rechtsgrundlagen** 7

1.1 Zuständigkeiten 10
1.1.1 ...ein Fall für die Feuerwehr? 10
1.1.2 Der Verursacher 12
1.1.3 Der Baulastträger 13
1.1.4 Die Polizei 16
1.2 Feuerwehrgesetze 17
1.2.1 Kostenersatz 18
1.3 Sofortmaßnahmen der Feuerwehr 19
1.3.1 Mögliche Aufgaben der Gefahrenabwehr 19
1.4 Fazit 20
1.5 Selbstkontrolle und Testfragen 22

2 **Arbeitssicherheit und Persönliche Schutzausrüstung** 23

2.1 Warnkleidung im Straßenverkehr 26
2.2 Schutzkleidung gegen Mineralölprodukte 29
2.3 Einsatzhinweise und Hygiene 31
2.4 Selbstkontrolle und Testfragen 34

3 **Mineralölprodukte und Bindemittel** 35

3.1 Eigenschaften und Verhalten von Mineralöl 35
3.1.1 Schmierfilm und Viskosität 36
3.1.2 Eindringverhalten in den Straßenbelag 37
3.1.3 Unpolares Verhalten 41
3.1.4 Flüchtigkeit und Entzündlichkeit 44
3.2 Auswahl von Bindemitteln 45
3.2.1 Wirkungsweise von Bindemitteln 46
3.2.2 Klassifizierung von Bindemitteln 51

3.2.3 Absorbervlies und -tampons 54
3.2.4 Flüssigreiniger 56
3.3 Selbstkontrolle und Testfragen 58

4 Maßnahmen auf Straßenverkehrsflächen 59

4.1 Verkehrsabsicherung 63
4.1.1 Autobahnen und Schnellstraßen 64
4.1.2 Außerorts 65
4.1.3 Innerorts 66
4.1.4 Geräte zur Verkehrsabsicherung 67
4.2 Auffangen, Eindämmen, Abdichten 69
4.2.1 Auffangen 70
4.2.2 Eindämmen (Eindeichen) 71
4.2.3 Abdichten 72
4.2.4 Umpumpen 74
4.2.5 Weiterführende Maßnahmen 75
4.2.6 Zuständige Fachbehörden 75
4.3 Beseitigung von Verunreinigungen 78
4.3.1 Einsatz von Bindemitteln 78
4.3.2 Einsatz von Flüssigreinigern 81
4.3.3 Nassreinigungsverfahren 84
4.3.4 Abtragen von Erdreich 88
4.4 Freigabe von Straßen 89
4.4.1 Übergabe der Einsatzstelle 89
4.4.2 Dokumentation 90
4.4.3 Aufstellen von Warnbeschilderung 90
4.5 Reinigung und Entsorgung von Einsatzmitteln 91
4.5.1 Schwarz-Weiß-Trennung 91
4.5.2 Reinigung von Gerätschaften 92
4.5.3 Entsorgung von Bindemittel 94
4.6 Selbstkontrolle und Testfragen 95

Lösungen 96

1 Rechtsgrundlagen

Jeden Tag kommen Feuerwehren in Kontakt mit Einsätzen, die mit ausgelaufenen Betriebsstoffen zu tun haben, ob bei Verkehrsunfällen, technischen Schäden oder menschlichem Versagen (z.B. Tankdeckel vergessen). Verunreinigungen durch Öl oder Kraftstoff erzeugen rutschige Fahrbahnen und sind umweltschädlich. Im schlimmsten Fall führen diese Verschmutzungen zu gefährlichen oder sogar tödlichen Folgeunfällen.

Beispiel: Ein PKW-Fahrer erlitt schwere Verletzungen. Dieser rutschte im Kurvenbereich mit seinem Fahrzeug auf einer Ölspur aus und wurde gegen eine Leitplanke geschleudert.

Dass bei diesen Einsätzen das Hauptaugenmerk für die Feuerwehren die Gefahrenabwehr ist, steht außer Frage. Für weitere Maßnahmen an der Einsatzstelle sollte sich der Einsatzleiter die Frage stellen:

„Ist die Beseitigung einer Ölspur im öffentlichen Straßenraum ein Fall für die örtliche Feuerwehr?“

Abbildung 1: Beseitigen einer Ölspur (Quelle: Dominique Christ)

Oftmals herrscht bei den Feuerwehren hier Unsicherheit und Unklarheit über die Zuständigkeit. Ein Blick in die rechtlichen Vorgaben soll Klarheit schaffen.

Hinweis: Alle Ausführungen beziehen sich auf den Einsatz auf öffentlichen Verkehrsflächen. Auf Privatgeländen und Betriebsflächen ist zunächst der Eigentümer in der Pflicht. In großen Betrieben kann es Werkfeuerwehren geben, die aber nicht als öffentliche Feuerwehr tätig werden, sondern im Auftrag des Betreibers arbeiten.

In Deutschland gibt es Bundesfernstraßen, Ortsdurchfahrten, Kreis- Staats- und Landstraßen sowie Gemeindestraßen. Für jede dieser Verkehrsflächen gibt es zuständige Straßenmeistereien oder Bauhöfe, die für den einwandfreien Zustand verantwortlich sind. Kommt es durch einen Verkehrsunfall, technischen Mangel oder durch menschliches Versagen zu Verunreinigungen auf Verkehrsflächen, so sieht der Gesetzgeber für diese Fälle diverse Rechtsgrundlagen, in Bezug auf Zuständigkeit, Pflichten, Regelungen und Kosten, vor.

BGB – Bürgerliches Gesetzbuch – Bundesrecht nach dem Grundgesetz
Zentrale Zusammenfassung des deutschen Zivilrechts
(z.B. Kostenerstattungspflicht durch Verursacher)

StVO – Straßenverkehrsordnung – Bundesrechtsverordnung
Regeln für sämtliche Straßenverkehrsteilnehmer
(z.B. Pflichten des Verursachers)

FStrG – Bundesfernstraßengesetz – Bundesgesetz
Regelt die Einteilung der Straßen in eine Trägerschaft
(z.B. Baulastträger unterschiedlicher Straßen)

Straßen-/Wegerecht des Bundes und der Länder
Länderspezifische Straßengesetze
(z.B. Aufsicht, Trägerschaft und Baulast)

StVG – Straßenverkehrsgesetz
Bundesjustizgesetz
(z.B. Schadenersatzpflicht)

Weiterhin gibt es in Deutschland Bundes- und das Landesrecht. Die Verfassung (Grundgesetz) der Bundesrepublik Deutschland, die am 23.05.1949 durch den parlamentarischen Rat in Bonn am Rhein in Kraft gesetzt wurde, gilt als oberstes Gesetz in der Bundesrepublik. Im Grundgesetz steht im Artikel 31, dass das Rangverhältnis der Rechtsnormen klar geregelt ist. Hier steht, Bundesrecht bricht Landesrecht. In der Normenhierarchie steht ein Bundesgesetz über dem Landesgesetz. Dies bezieht sich auch auf die Feuerwehrgesetze der Länder, sowie die Satzungen der Kommunen:

Tabelle 1: Normenhierarchie

Wertigkeit	**Gesetze des Staates** Bürgerliches Gesetzbuch (BGB) – *allg. Zivilrecht* Straßenverkehrsordnung (StVO) – *Bundesrechtsverordnung* Bundesfernstraßengesetz (FStrG) – *Bundesgesetz* Straßenverkehrsgesetz (StVG) – *Bundesgesetz*
	Gesetze der Länder Länderspezifische Straßengesetze *Feuerwehrgesetze der Bundesländer*
	Satzungen der Gebietskörperschaften z.B. Satzung über Aufwendungs- und Kostenersatz für Einsätze der gemeindlichen Feuerwehr

1.1 Zuständigkeiten

Spricht man von Zuständigkeiten, so spricht man auch von der Kompetenz einer organisatorischen Einheit, sachlich und örtlich im Einzelfall zu entscheiden. Die Zuständigkeiten bei der Verunreinigung auf Verkehrsflächen sind nach den jeweiligen Gesetzen des Bundes und der Länder geregelt. Diese werden im weiteren Verlauf, mit Inhalt, aufgeführt.

1.1.1 ...ein Fall für die Feuerwehr?

Kommt es zum Schadensereignis, werden je nach Größe und Gefährdung verschiedene Behörden (BOS[1]) alarmiert und in Bewegung gesetzt. Diese benötigen Informationen, um geeignete Maßnahmen ergreifen zu können. Dies beginnt schon beim Anruf in der Leitstelle oder bei der Polizei durch die Disponenten. Informationen werden durch den Leitstellenmitarbeiter gesammelt und daraus ergibt sich das erste Meldebild. Diese Infos sind jederzeit über Funk abrufbar. Die Alarmierung und Koordination der einzelnen Behörden (BOS) läuft dann direkt über die zuständige ILS (Integrierte Leitstelle). Die Organisation an der Einsatzstelle erfolgt unmittelbar zwischen den einzelnen Behörden (BOS).

Die Zuständigkeiten der Feuerwehr liegen hier ganz klar bei der Gefahrenabwehr und den Erstmaßnahmen.

Mit dem Ablaufschema in Abbildung 2 soll der mögliche Ablauf eines „Ölspureinsatzes“ übersichtlich dargestellt werden. Dabei wird aufgezeigt, dass nach der Gefahrenabwehr durch Maßnahmen der Feuerwehr die Pflichten weiter an andere Zuständigkeiten gegeben werden.

Der zeitliche Ablauf erstreckt sich von links nach rechts.

[1] Behörden und Organisationen mit Sicherheitsaufgaben

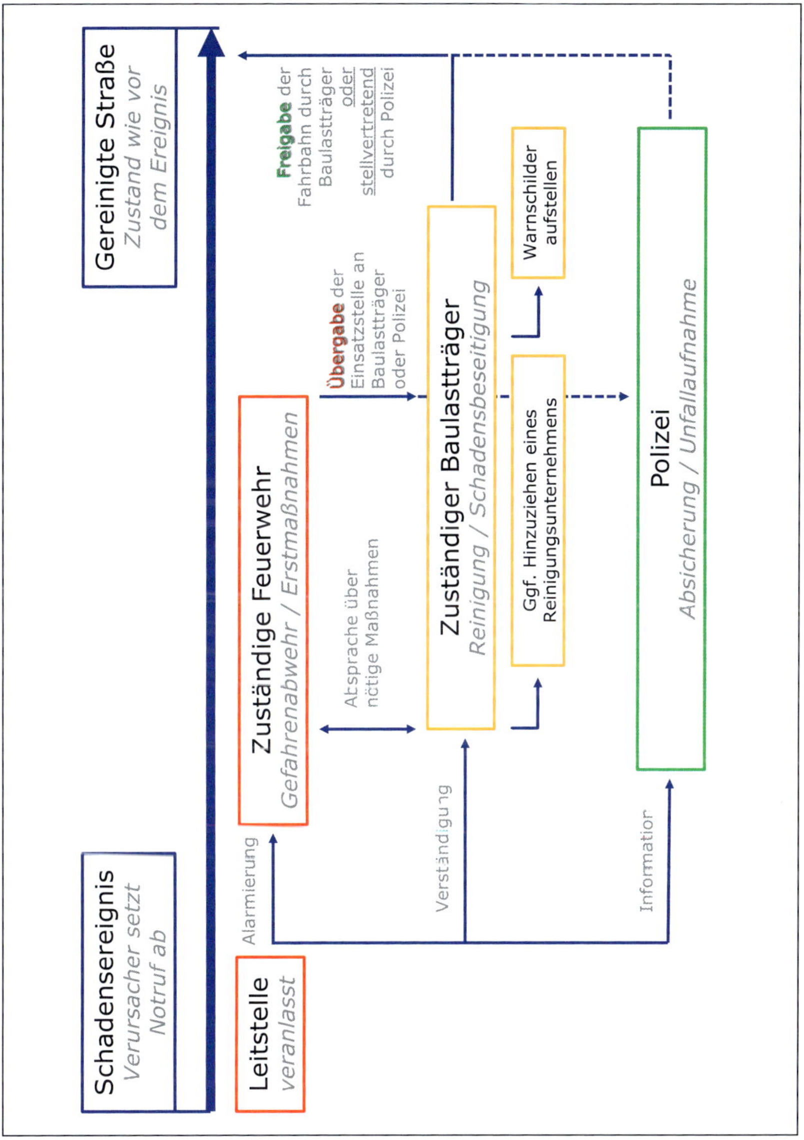

Abbildung 2: Ablaufschema „Ölspureinsatz“ (Quelle: Andreas Büttner)

1.1.2 Der Verursacher

Betrachtet man die Gesetzeslage, so ist bei einer Verschmutzung (z.B. starke Verschmutzung durch eine landwirtschaftliche Zugmaschine) auf einer öffentlichen Verkehrsfläche in erster Linie der Verursacher für die Beseitigung zuständig. Ist Öl oder Kraftstoff auf Verkehrsflächen ausgetreten, es besteht also ein Verkehrshindernis, so liegt nach **§ 32 Abs. 1 StVO** die Zuständigkeit beim Verursacher.

§ 32 Abs. 1 StVO

(1) Es ist verboten, die Straße zu beschmutzen oder zu benetzen oder Gegenstände auf Straßen zu bringen oder dort liegen zu lassen, wenn dadurch der Verkehr gefährdet oder erschwert werden kann. Wer für solche verkehrswidrigen Zustände verantwortlich ist, hat diese unverzüglich zu beseitigen und diese bis dahin ausreichend kenntlich zu machen.

Hier spricht man in Deutschland von einer deliktsrechtlichen Verhaltenspflicht, die bei Unterlassung zu Schadenersatzleistungen nach § 823 BGB *Verkehrssicherungspflicht* führen kann.

Verkehrshindernisse sind, wenn nötig (§ 17 Abs. 1 StVO), mit einer eigenen Lichtquelle zu beleuchten oder durch andere zugelassene lichttechnische Einrichtungen kenntlich zu machen.

Kann der Verursacher seine Verunreinigung alleine beseitigen?

Der Verursacher ist zunächst in der Verantwortung, die Verunreinigung zu beseitigen. Kann er seiner Pflicht über die Beseitigung im Rahmen seiner Möglichkeiten und der Verkehrssicherungspflicht nicht nachkommen, oder ist der Verursacher nicht ermittelbar, so kommt laut **§ 3 Abs. 1 u. 2 FStrG** und den **Straßen- und Wegegesetzen der Länder** der Straßenbaulastträger/Eigentümer in die Pflicht der Straßenverkehrssicherung.

Der Verursacher meldet den Vorfall jedoch normalerweise über den Notruf bei der Leitstelle der Feuerwehr oder der Polizei.

In der Leitstelle wird der Disponent durch eine Abfrage entscheiden, wie dringlich die Lage ist und die entsprechend benötigten Kräfte alarmieren.

Wenn nicht auszuschließen ist, dass durch die Verunreinigung eine erhebliche Gefahr für Verkehrsteilnehmer und Umwelt besteht, wird die Leitstelle, noch vor dem Baulastträger, die Feuerwehr in Eilzuständigkeit an die Einsatzstelle rufen.

Andernfalls erfolgt nur die Benachrichtigung des zuständigen Baulastträgers.

Abbildung 3:
Hinweis auf Ölunfall (Quelle: Dominique Christ)

1.1.3 Der Baulastträger

In Deutschland gibt es Fernstraßen (Bundesautobahnen, Bundesstraßen), Staatsstraßen, Landesstraßen, Ortsdurchfahrten und Kreisstraßen. Die Straßenbaulast ist auf verschiedene Trägerschaften (Verantwortung) je nach Straßenart aufgeteilt. Die Träger haben die Aufgaben und Pflichten für den Bau, die Unterhaltung und den sicheren Betrieb zu sorgen. Diese Trägerschaften sind gesetzlich festgelegt.

Die Straßenbaulast bezieht sich auf den Straßenkörper, sowie auf die zugehörige Straßenausstattung, Bauwerke (z.B. Tunnel, Brücken, Lärmschutzwände, Entwässerungsanlagen, Gräben, Durchlässe, etc.) sowie straßenbegleitende Grün- und Gehölzflächen.

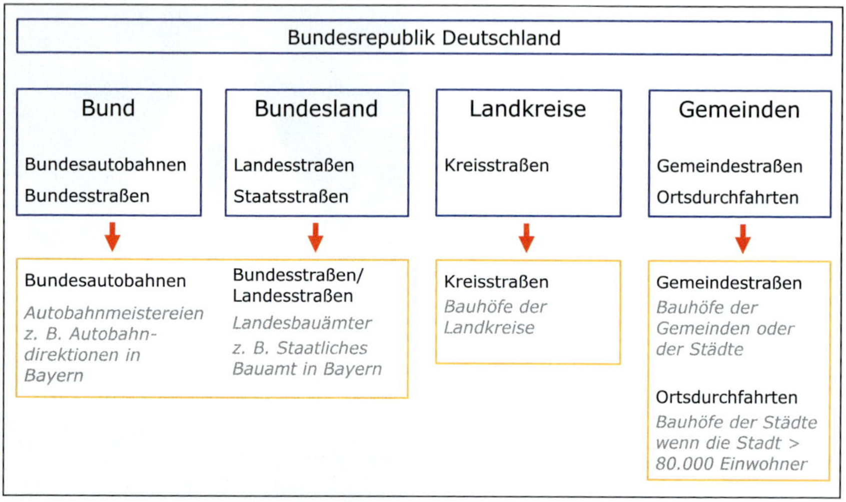

Abbildung 4: Zuständige Baulastträger (Quelle: Andreas Büttner)

Wer ist der Baulastträger für welche Straße?

Die Straßenbaulast für die Bundesfernstraßen liegt grundsätzlich beim Bund (**§ 5 FStrG**). Durch die Bundesauftragsverwaltung werden die Bundesautobahnen und Bundesstraßen jedoch von dem jeweiligen Bundesland unterhalten (**Art. 90 GG**). Bei Ortsdurchfahrten von Bundes-, Landes- und Kreisstraßen wird die Straßenbaulast auf die Städte übertragen, wenn die Einwohnerzahl 80.000 übersteigt. Diese Regelung findet man in den jeweiligen **Straßengesetzen** der Bundesländer.

Das Bundesland ist somit der Baulastträger für:

- Bundesautobahnen
- Bundesstraßen
- Landesstraßen
- Staatsstraßen

Träger der Straßenbaulast von Kreisstraßen sind die Landkreise und kreisfreien Städte. Landkreise können unter Umständen eine Vereinbarung treffen, dass die Verwaltung der Kreisstraßen auf die Bauämter der Bundesländer übertragen wird.

Grundsätzlich aber betreuen die Kreisstraßenmeistereien und Kreisbauhöfe die Kreisstraßen in ihrem Zuständigkeitsgebiet.

Schließlich bleiben die Gemeindestraßen sowie Ortsdurchfahrten. Die Verantwortung obliegt den Kommunen und der Unterhalt erfolgt durch deren eigene Bauhöfe.

Nachdem die Feuerwehr eine Gemeindeeinrichtung ist und die Abteilung Feuerwehr vergleichbar mit der Abteilung Bauhof der Gemeindeverwaltung unterliegt, kann diese mit der Feuerwehr Regelungen treffen, dass die Feuerwehr, z.B. auch gemeinsam mit dem Bauhof, für die Reinigung der Straße zuständig ist. Diese Verabredungen sind individuell für jede Gemeinde zu treffen.

Hinweis: Der Einsatz von unentgeltlich arbeitenden, freiwilligen Kräften darf beim Reinigen von Straßen nicht überstrapaziert werden!

In der Praxis ist es überwiegend so, dass die Feuerwehr meist vor dem Baulastträger an der Einsatzstelle ist. Daher ist es wichtig zu wissen, wer der Baulastträger der betroffenen Straße ist. Die Feuerwehr muss sich im Vorfeld mit den Zuständigkeiten befassen.

Hinweis: Die Feuerwehr sollte den Kontakt zu den jeweiligen Baulastträgern pflegen und im Vorfeld Absprachen über Aufgabenverteilung und Erreichbarkeit treffen.

1.1.4 Die Polizei

Welche Rolle spielt die Polizei?

Der Baulastträger kann oft nicht unverzüglich an der Einsatzstelle sein. Dies kann durch lange Anfahrten, Bereitschaften, parallele Aufgaben etc. bedingt sein. Um dennoch für schnelle Abhilfe zu sorgen, wird in **§ 44 Abs. 2 StVO** die Zuständigkeit der Polizei geregelt.

§ 44 Abs. 2 StVO
(2) Die Polizei ist befugt, den Verkehr durch Zeichen und Weisungen (§ 36) und durch Bedienung von Lichtzeichenanlagen zu regeln. Bei Gefahr im Verzug kann zur Aufrechterhaltung der Sicherheit oder Ordnung des Straßenverkehrs die Polizei an Stelle der an sich zuständigen Behörden tätig werden und vorläufige Maßnahmen treffen; sie bestimmt dann die Mittel zur Sicherung und Lenkung des Verkehrs.

Abbildung 5:
Die Zuständigkeit der Polizei ist geregelt. (Quelle: Andreas Büttner)

Die Polizei hat im Bereich der Gefahrenabwehr eine **Eilzuständigkeit,** die in den Polizeigesetzen der Länder geregelt wird. Sie darf in dringenden Fällen, um eine Gefahr abzuwenden, ihre sachlichen und örtlichen Zuständigkeitsgrenzen überschreiten.

Da sich die Polizei im Rahmen ihrer Möglichkeiten auf das Absperren und die Verkehrslenkung beschränken wird, kann diese keine Erstmaßnahmen zur Eindämmung von Ölen oder auslaufenden Betriebsstoffen ausführen. In diesem Fall kommt die Feuerwehr zum Einsatz.

1.2 Feuerwehrgesetze

Welche Gesetzesgrundlagen gibt es für das Tätigwerden der Feuerwehr?

Die Feuerwehr ist eine Organisation zur Gefahrenabwehr. Sie wird üblicherweise tätig, wenn eine Gefährdung für Menschen, Tiere, Umwelt und Sachwerte besteht. Auf welche Art und Weise die Feuerwehr tätig wird, ist in den Feuerwehrgesetzen nicht geregelt. Hinweise über konkrete Maßnahmen lassen sich z.B. in den Ausführungsverordnungen der Gesetze finden.

Zusammengefasst ist der Einsatz der Feuerwehr bei „Ölspur-Einsätzen" wie folgt gerechtfertigt:

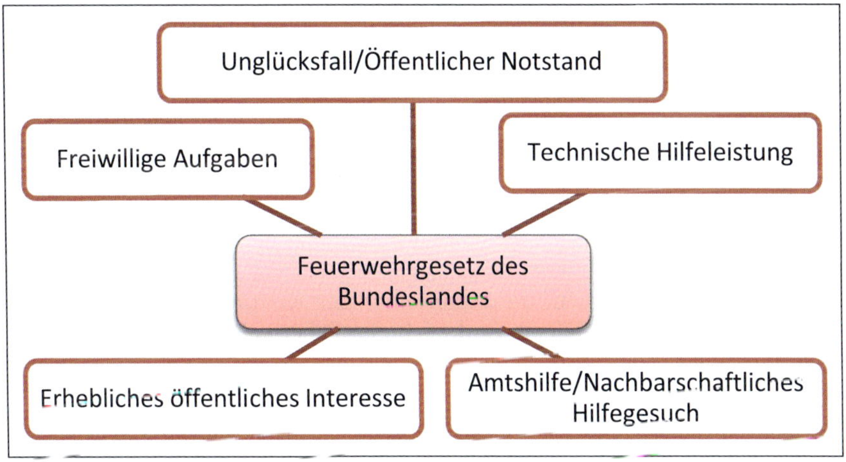

Abbildung 6: Aufgaben der Feuerwehr (Quelle: Andreas Büttner)

In den Feuerwehrgesetzen der Länder werden die Zuständigkeiten für die Hilfeleistung im Unglücksfall geregelt. Ebenfalls wird geregelt, welche Voraussetzungen dafür notwendig sind und wann die Feuerwehr einen Kostenersatz verlangen kann. Zudem gibt es Einsätze der Feuerwehr, die kostenfrei sind. Es gibt Besonderheiten in den Gesetzen der Länder, in denen der Ölspureinsatz genauer beschrieben wird. Die Beteiligung der Feuerwehren an der Reinigung von Verkehrsflächen nach Mineralölaustritt gehört aber grundsätzlich zu den Aufgaben der Feuerwehr.

Hinweis: Die Maßnahmen der Feuerwehr beschränken sich nach den jeweiligen Feuerwehrgesetzen auf die Gefahrenabwehr. Folgemaßnahmen sind durch den Straßenbaulastträger oder die Polizei durchzuführen.

Die Gesetzesgrundlagen sind in den Bundesländern unterschiedlich. Deshalb ist es nicht möglich, eine pauschale Aussage zu treffen, wie die Zuständigkeiten bei Ölspureinsätzen in den einzelnen Bundesländern exakt geregelt sind. Hier kann es durchaus sein, dass die Gebietskörperschaften in unterschiedlichen Ländern eine andere Aufgabe wahrnehmen. Dementsprechend kommt die Feuerwehr eher häufiger oder auch seltener zum Einsatz.

Deshalb ist zu empfehlen, dass sich jede Feuerwehr mit ihrem Feuerwehrgesetz, zusätzlichen Bestimmungen und Verabredungen auseinandersetzt und im Vorfeld abklärt, damit die Aufgabenverteilung im Einsatzfall klar geregelt ist.

1.2.1 Kostenersatz

Einsätze oder Tätigkeiten, die unmittelbar der Rettung oder Bergung von Menschen und Tieren dienen, sind nach den Feuerwehrgesetzen der Länder grundsätzlich kostenfrei.

Im Bereich der Reinigung von Verkehrsflächen durch die Feuerwehr erhebt die Gemeinde einen Kostenersatz, der nach den Satzungen bzw. Gebührenordnungen geregelt ist. Dabei können Personal, Feuerwehrgeräte und Verbrauchsmaterialien abgerechnet werden. Wenn der Schaden beim Betrieb eines Kraftfahrzeugs entstanden ist, geht es um den Fall der Gefährdungshaftung. Somit wird der Einsatz kostenpflichtig.

Ist der Verursacher einer Verunreinigung bekannt, so hat dieser die Pflicht, die Kosten für die durchgeführten Maßnahmen zu erstatten. In der Praxis ist dies auch die Grundlage dafür, ein Drittunternehmen zu beauftragen, um die Straße maschinell reinigen zu lassen. Für den Kfz-Betreiber springt hier dessen Kfz-Haftpflichtversicherung für die entstandenen Kosten ein.

Hinweis: Wer mit seinem Kraftfahrzeug auf der Straße eine Öl- oder Kraftstoffspur hinterlässt, muss für deren Beseitigung Schadenersatz leisten. *§ 7 Abs. 1 StVG / § 823 Abs. 1 BGB*

1.3 Sofortmaßnahmen der Feuerwehr

1.3.1 Mögliche Aufgaben der Gefahrenabwehr

Absichern der Einsatzstelle mit Verkehrsabsicherungsmaterial
Um Folgeunfälle zu vermeiden und andere Verkehrsteilnehmer zu warnen.

Brandschutz sicherstellen
Absichern gegen die Brandgefahr mit Schnellangriff und/oder Löschgerät.

Ausleuchten der Einsatzstelle
Schaffen eines angemessenen Arbeitsumfeldes bei Nacht.

Eindämmen und Auffangen
Maßnahmen, um die Ausbreitung von auslaufenden Betriebsmitteln z.B. auf die Umwelt zu verhindern.

Unterstützung der Polizei
Bei weitläufigen Einsatzstellen wird die Polizei um Amtshilfe bitten und Personal und Material zur Verkehrsabsicherung anfordern.

Absprache mit dem Baulastträger
Mögliche Maßnahmen werden abgesprochen und Aufgaben verteilt. Hier kann die Feuerwehr den Baulastträger unterstützen.

Folgende Aufgaben gehören **nicht zur Gefahrenabwehr** und sind somit nicht Aufgabe der Feuerwehr:

Kilometerlanger Einsatz von Ölbindemitteln
Erst Rücksprache mit Baulastträger über Maßnahmen treffen; gegebenenfalls Reinigungsmaschine über Baulastträger anfordern.

Freigabe von Verkehrsflächen nach erfolgten Maßnahmen
Dies obliegt dem Baulastträger oder stellvertretend der Polizei.

1.4 Fazit

Die Gesetze und Vorschriften sagen ganz klar aus, wer die Verantwortung zur Beseitigung von Ölspuren auf Verkehrsflächen hat.

In der Praxis liegt die Hauptlast aber meistens bei den Feuerwehren.

Abbildung 7: Beseitigung der Ölspur durch die Feuerwehr (Quelle: Dominique Christ)

Was ist nun praktikabel?

Der Straßenbaulastträger kann nicht immer zügig an der Einsatzstelle eintreffen, um eine effektive Gefahrenabwehr einzuleiten.

Die Feuerwehren sollten nach der Einleitung der Sofortmaßnahmen aber darauf bedacht sein, die Zuständigen in die Pflicht zu nehmen.

Hier sind ein Erfahrungsaustausch und Absprachen empfehlenswert.

Vereinbarungen über den Einsatz einer Reinigungsmaschine, die der Feuerwehr zusteht oder in definierten Fällen im Namen des Baulastträgers ein Reinigungsunternehmen zu beauftragen, sollten mit dem Baulastträger vorneweg getroffen werden. Ansonsten ist die Beauftragung eines Drittunternehmens immer durch den Straßenbaulastträger oder die Polizei zu empfehlen, um im Nachhinein nicht über anfallende Kosten streiten zu müssen.

Sollte es dennoch den Fall geben, dass der Feuerwehr-Einsatzleiter über den Einsatz eines Drittunternehmens zur Straßenreinigung entscheiden muss, so ist damit zu rechnen, dass der Versicherungsträger, der die Haftpflicht des Verursachers übernimmt, eine Begründung und Rechtfertigung dafür einfordert.

Die Rechtsprechung für diesen Fall hat in einem vergangenen Vorfall folgendes festgelegt:

- Einsatz von Ölbindemitteln und Nassreinigungsverfahren sind zunächst als gleichwertig wirksame Methode anzusehen.
- Wenn die Entscheidungslage unklar ist und der Einsatzleiter unter Entscheidungs- und Zeitdruck steht, so ist ihm ein erweiterter Ermessensspielraum einzuräumen.
- Der Einsatzleiter hat sich aus seiner Sicht für die sicherste Methode zu entscheiden.

Hinweis: Auch wenn Drittunternehmen mit professioneller Technik oft mehr kosten, kann dies gerechtfertigt sein, wenn Sicherheit (Schutz der Einsatzkräfte), Einsatzdauer, Gefährdung etc. im Vordergrund stehen.

Bei einem Einsatz sollte immer eine Dokumentation der Entscheidungen erfolgen. Weiterhin ist es für die Nachverrechnung von Kosten wichtig, dass der Verursacher bzw. dessen Kennzeichen an die Gemeinde weiter übermittelt werden.

1.5 Selbstkontrolle und Testfragen

(Lösungen siehe Seite 96)

1. Welche Zuständigkeit hat die Feuerwehr in erster Linie im Falle des Schadensereignisses „Ölspureinsatz"?

a) Die Feuerwehr hat die Aufgabe der Straßensperrung und der Reinigung der Straße.
b) Die Feuerwehr stellt Warnschilder auf und beauftragt ein Reinigungsunternehmen.
c) Die Feuerwehr ist in erster Linie für Erstmaßnahmen und die Gefahrenabwehr zuständig.

2. Wer ist in erster Linie verantwortlich bei einer Verunreinigung einer Verkehrsfläche im öffentlichen Raum?

a) In erster Linie ist laut Gesetz (§ 32 Abs. 1 StVO) der Verursacher der Verschmutzung verantwortlich und hat für die Beseitigung zu sorgen.
b) Der Baulastträger ist verantwortlich, da er der Träger der Straßenbaulast ist.
c) Die Polizei ist verantwortlich, da sie für Sicherheit und Ordnung sorgt.

3. Welche Aufgaben hat die Feuerwehr laut der Feuerwehrgesetze der Länder?

a) Unglücksfall/Öffentlicher Notstand
b) Freiwillige Aufgaben
c) Technische Hilfeleistung
d) Erhebliches öffentliches Interesse
e) Amtshilfe/Nachbarschaftliches Hilfegesuch

2 Arbeitssicherheit und Persönliche Schutzausrüstung

■ Verantwortlichkeit

Der Träger der Feuerwehr, die jeweilige Gebietskörperschaft (Gemeinde, Stadt etc.) gilt als Unternehmer und ist verantwortlich, geeignete Maßnahmen zur Verhütung von Unfällen und Gesundheitsgefahren zu treffen. Er hat dafür zu sorgen, dass die staatlichen Arbeitsschutz- und/oder Unfallverhütungsvorschriften eingehalten werden. (**DGUV Vorschrift 1**)

Da die Feuerwehr im Bereich UVV ein Sonderfall ist, gibt es speziell für die Unternehmer (Träger der Feuerwehr) eine Vorschrift für den sicheren Betrieb der Feuerwehr (**DGUV Vorschrift 49**). Die Erläuterung der Paragraphen findet man in der **DGUV Regel 105-049 „Feuerwehren“.**

Für hauptamtliche Kräfte der Feuerwehr (Beamte, Arbeitnehmer) gelten die jeweiligen staatlichen Arbeitsschutzgesetze. Für die ehrenamtlich tätigen Kräfte der freiwilligen Feuerwehr gelten die staatlichen Arbeitsschutzgesetze unmittelbar nicht. Daher bekommen die Inhalte der Unfallverhütungsvorschrift **DGUV V 49 „Feuerwehren“** der gesetzlichen Unfallversicherung für die freiwilligen Kräfte eine besondere Bedeutung. Inhaltlich unterscheiden sich die staatlichen Regelwerke von den Unfallverhütungsvorschriften kaum, hier geht es aber um Lücken, die durch Formulierungen geschlossen werden. Somit sind hauptamtliche und freiwillige Kräfte jederzeit durch die Unfallversicherungsträger abgesichert.

Ein hauptamtlicher Gerätewart unterliegt in seiner Dienstzeit den staatlichen Arbeitsschutzgesetzen. Wird er nach der Dienstzeit in seiner Dienststelle als freiwilliger Feuerwehrmann tätig, so unterliegt er der **DGUV Vorschrift 49.**
Der Versicherungsträger für Arbeitsunfälle ist die Berufsgenossenschaft (BG). Im freiwilligen Feuerwehrdienst ist es die Landesunfallkasse des Bundeslandes.

■ Gefährdungsbeurteilung

Der Träger der Feuerwehr hat Gefährdungen für Feuerwehrangehörige bei Übungen, Ausbildungen und Einsätzen zu beurteilen und erforderliche Maßnahmen zu treffen, um potenzielle Gefahren zu erkennen, bevor sie passieren. Diese Beurteilung ist zu dokumentieren, um eine Grundlage für die organisatorische Umsetzung und eine Kontrolle für notwendige Unfallverhütungsvorschriften zu haben.

In der Praxis wendet man die Gefährdungsbeurteilung für diverse Situationen an. Einsätze sind nicht vorhersehbar, es gibt keinen bestimmten Zeitpunkt und die Zusammensetzung der Mannschaft ist nicht gleich. Im Einsatzfall kann die Anwendung des Führungskreislaufes zur Beurteilung der Gefährdung dienen, um hier den Schutzbedarf für die Feuerwehrangehörigen zu erkennen und festzulegen.

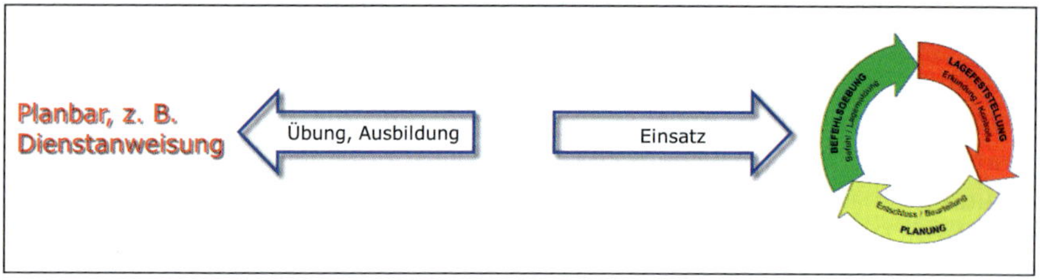

Abbildung 8: Gefährdungsbeurteilung im Feuerwehrdienst (Quelle: Dominique Christ)

■ Anwendung der UVV

Die „Organisation von Sicherheit und Gesundheitsschutz“ betrifft im Allgemeinen jeden Angehörigen der Feuerwehr. Die Gesamtverantwortung zur Umsetzung der UVV beginnt bei den jeweiligen Kommunen und Landkreisen (Träger der Feuerwehr) und endet bei der Mannschaft der Feuerwehr. In der Abbildung 9 wird diese Reihenfolge dargestellt.

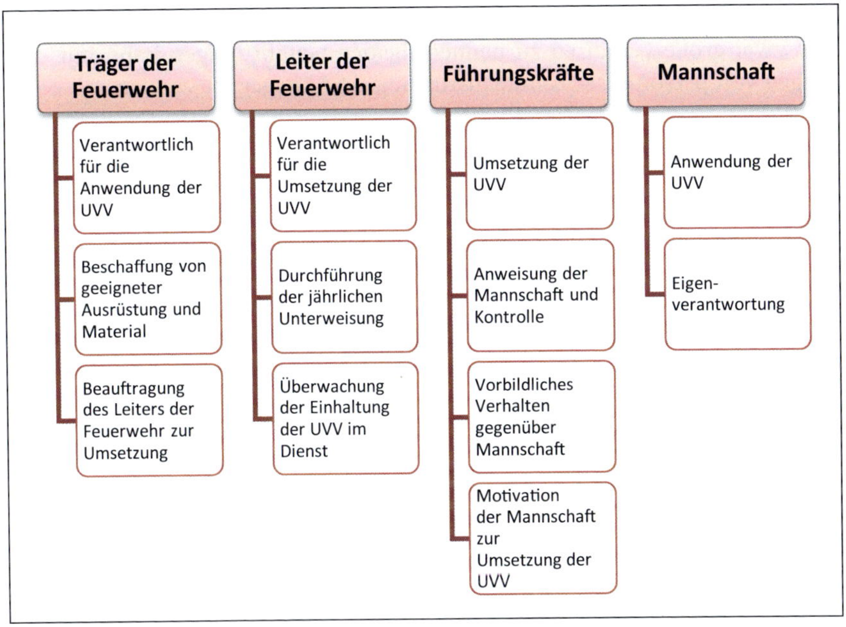

Abbildung 9: Umsetzung der UVV im Feuerwehrdienst (Quelle: Dominique Christ)

■ Persönliche Schutzausrüstung

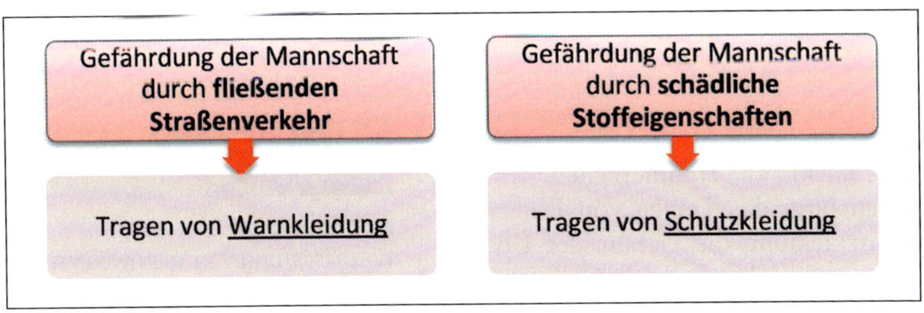

Abbildung 10: Einteilung der persönlichen Schutzausrüstung (Quelle: Dominique Christ)

Wenn man die Gefährdung der Mannschaft im „Ölspureinsatz“ beurteilt, so sind zwei große Gefahren zu nennen. Beiden Gefährdungen kann mit dem Tragen von persönlicher Schutzausrüstung (PSA) begegnet werden.

2.1 Warnkleidung im Straßenverkehr

Im § 15 (3) DGUV Vorschrift 49 „Feuerwehren“ ist geregelt, dass Feuerwehrangehörige, die in der Übung oder im Einsatzfall durch den Straßenverkehr gefährdet sind, durch geeignete Maßnahmen geschützt werden müssen.

Die Wahrnehmbarkeit bei Gefährdungen durch den Straßenverkehr wird durch das Tragen von **Feuerwehrschutzkleidung** nach **DIN EN 469:2007** gewährleistet. Die Herstellungs- und Prüfbeschreibung für universelle Feuerwehrschutzkleidung (HuPF) konkretisiert die o. g. Norm.

- Wahrnehmbarkeit bei Tag und Nacht
- Retroreflektierende und nachleuchtende Bestreifung
- Bestreifung nach der Körperkontur
- Durch ausreichende Bestreifung entfällt die **Warnwestenpflicht**
- Bestreifte Einsatzhosen erhöhen die Erkennbarkeit der Körperkontur

Regelwerke zur Warnkleidung:
- DGUV 205-020 Kapitel 3
- DGUV 205-010 Persönliche Schutzausrüstung A3
- DIN EN 469:2007 Anhang B
- HuPF Teil 1-4

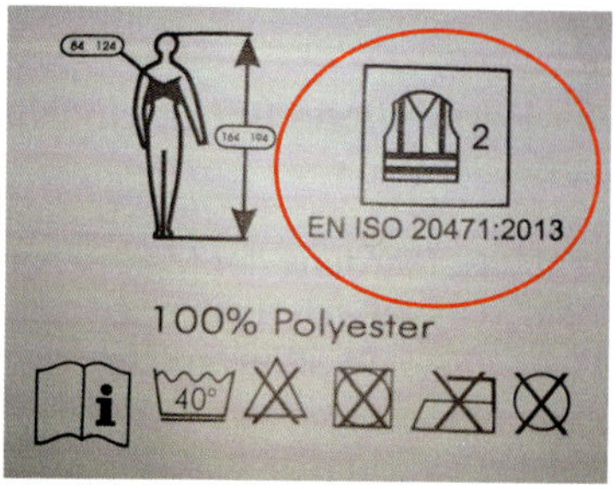

Abbildung 11:
Klassifizierung von Warnwesten
(Quelle: Dominique Christ)

Vor allem an sommerlichen warmen Tagen birgt das Tragen von Feuerwehrschutzkleidung die Gefahr der Überhitzung und frühzeitigen Erschöpfung der Einsatzkräfte. Durch Abwägen der Gefährdungslage kann die schwere Feuerwehrschutzkleidung durch zugelassene **Warnwesten** ersetzt werden.

- Wahrnehmbarkeit bei Tag und Nacht
- Retroreflektierende und nachleuchtende Rundumbestreifung
- Westen müssen geschlossen getragen werden
- Gelbe oder orange Tagesleuchtfarbe
- Aufschrift „FEUERWEHR“ nicht erforderlich
- **DIN EN ISO 20471 Klasse 2** (ab 2013) vorher DIN EN ISO 471

Mögliche Ausführung der zugelassenen Warnkleidung:

Abbildung 12: Schutzanzug Baumuster „Bayern 2000“ oder Grundschutzanzug nach HuPF (Quelle: Dominique Christ)

Abbildung 13: Warnweste nach DIN EN ISO 20471 Klasse 2 – auch ohne Unterjacke nutzbar (Quelle: Dominique Christ)

Abbildung 14: Brandschutzkleidung nach DIN EN 469 (Anhang B) und HuPF 1–4 (Quelle: Dominique Christ)

Durch die empfohlene Verteilung der retroreflektierenden und fluoreszierenden Warnbestreifung (mindestens 0,13 m^2 retroreflektierendes und 0,2 m^2 fluoreszierendes Material) wird die entsprechende Wahrnehmbarkeit und Erkennbarkeit der Körperkonturen bei Tag und bei Nacht, die gefordert ist, erreicht. Dies sind Gestaltungsvorschläge und können auch in anderen Variationen aufgebracht werden. Voraussetzung hierfür ist die Mindestfläche und die Erkennbarkeit der Körperkontur.

Auch wenn die Schutzanzugsjacke die Anforderungen der Mindestfläche für retroreflektierendes (Nachtauffälligkeit) und fluoreszierendes (Tagauffälligkeit) Material erreicht, sind auf der Schutzanzugshose zur Erkennbarkeit (z.B. gebückte Haltung) der Körperkontur ebenfalls Warnstreifen anzubringen.

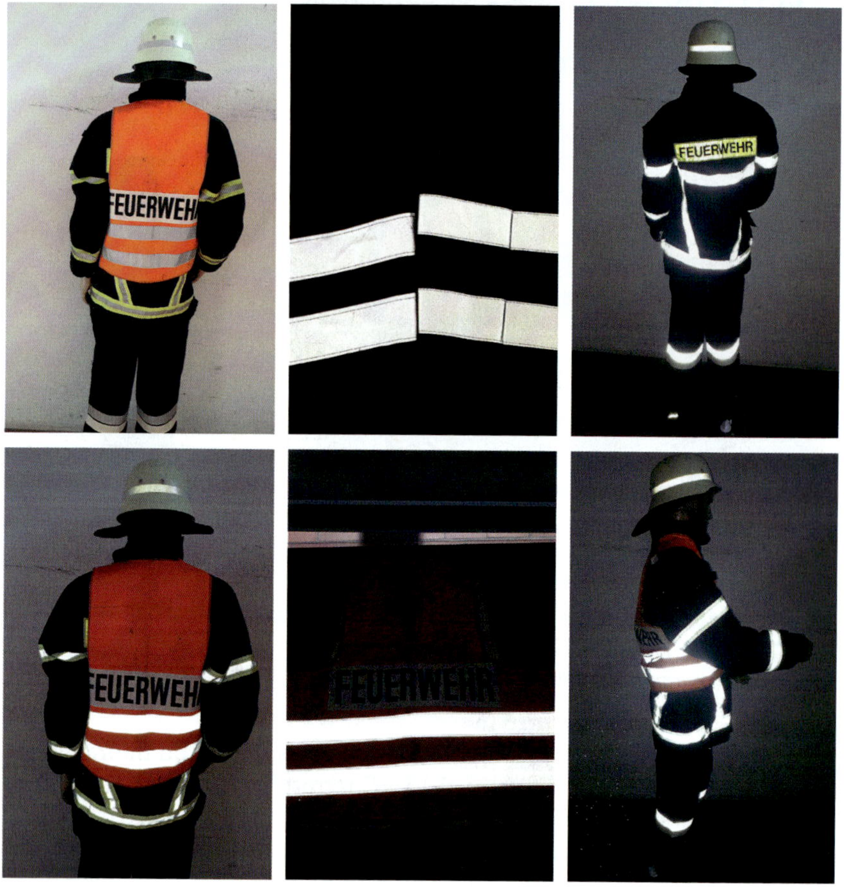

Abbildung 15: Wahrnehmbarkeit diverser Schutzkleidungen im Feuerwehrdienst bei Tag und bei Nacht (Quelle: Dominique Christ)

2.2 Schutzkleidung gegen Mineralölprodukte

Die üblichen Mineralölprodukte, mit denen im Straßenverkehr zu rechnen ist, sind Benzin, Diesel, Motorenöl, Hydrauliköl und Schmierfett. Diese Stoffe haben teilweise erhebliche schädigende Wirkung auf Lebewesen und Umwelt.

Auflistung möglicher Gefährdungen:

- krebserregend
- giftige Dämpfe (gesundheitsschädlich beim Einatmen)
- reizend für Haut, Augen, Lunge, Nase und Rachen
- Aspirationsgefahr (Aufnahme in die Atemwege kann tödlich sein)
- wassergefährdend
- umweltgefährdend
- brennbar

Abbildung 16: GHS-Piktogramme gemäß CLP-Verordnung

Die Art der Schutzkleidung ist abhängig von der Art des Einsatzes.

Beispiel: Wenn eine große Menge Heizöl in einem Keller ausgelaufen ist, ist eine spezielle Schutzausrüstung zu tragen, wohingegen bei der klassischen Dieselspur zunächst der Grundschutzanzug ausreichend ist.

Die Auswahl der Schutzkleidung muss so erfolgen, dass alle möglichen Gefahren gegeneinander abgewogen werden. Hierbei ist eine Kontamination mit dem Stoff immer zu vermeiden und eine Inkorporation zwingend auszuschließen.

Tabelle 2: Arten von Schutzkleidung (Quelle: Dominique Christ)

	**Feuerwehrschutzanzug** • Feuerwehrstiefel oder Gummistiefel • Feuerwehrhelm • ggf. Warnweste Weitere Ausrüstung zum Ergänzen: • Einmalhandschuhe • Staubschutzmaske (FFP1 – FFP3) • Augenschutz
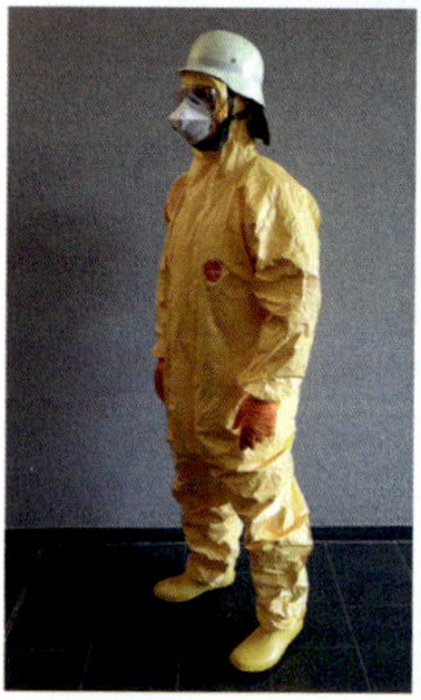  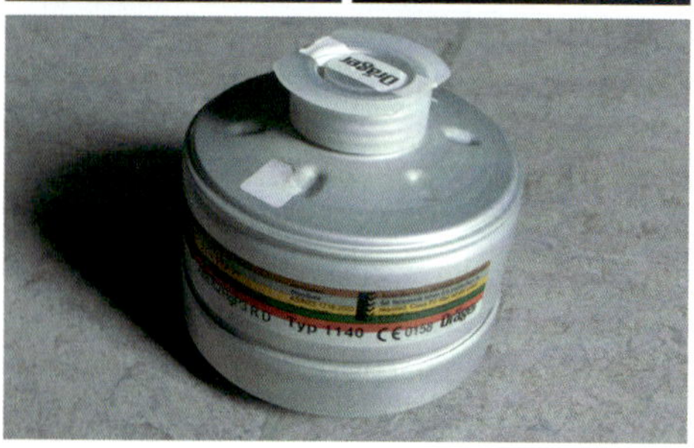	**Einweganzug** • Flüssigkeitsdichter oder beschichteter Einweganzug • Einmalhandschuhe • Gummistulpenhandschuhe • Gummistiefel • Feuerwehrhelm Weitere Ausrüstung zum Ergänzen: • Staubschutzmaske (FFP2 – FFP3) • Augenschutz • Atemschutzgerät • Vollmaske mit Filter APEK2P3 Übergänge von Anzug zu Handschuh oder Stiefel können abgeklebt werden. Abhängig von der Einsatzsituation muss ein Atemschutz von Filter FFP2 bis hin zum Pressluftatmer getragen werden.

Mineralölschutzanzug

- Mineralölbeständiger Anzug
- Einmalhandschuhe
- Gummistulpenhandschuhe
- Gummistiefel
- Feuerwehrhelm

Weitere Ausrüstung zum Ergänzen:

- Staubschutzmaske (FFP1 – FFP3)
- Augenschutz
- Pressluftatmer

Der Mineralölschutzanzug hat einen Stichflammenschutz fürs Gesicht. Das Material schäumt bei Kontakt mit Feuer auf und bietet einen Erstschutz.

2.3 Einsatzhinweise und Hygiene

■ Einsatzhinweise

Die Feinstaubproblematik ist zurzeit in aller Munde. Es wird über Fahrverbote in Städten diskutiert und diese werden teilweise schon praktiziert. Auch in der Feuerwehr ist dieses Risiko nicht unbeobachtet. Aerosole (Mineralölprodukte) oder gefährliche Partikel, wie die Feinstaub-Partikel, gehören zu den tückischsten Gesundheitsrisiken im Arbeitsumfeld. In der Atemluft sind sie nahezu unsichtbar. Schaut man sich die Gefährdungen an, die von Mineralölprodukten und Bindemitteln ausgehen, wirken diese krebserregend sowie schädlich für die Atemwege.

Dies kann zu Kurzzeiteffekten führen, wie einer Zunahme von Atemwegssymptomen (z.B. Husten), oder sich in einer Verschlechterung von Lungenfunktionsmesswerten äußern. Feinstaubteilchen üben hier eine Reizwirkung durch Ablagerungen auf die Atemwege aus. Chronische Erkrankungen durch eine Langzeitwirkung, wie Lungen- oder Nervenschädigungen oder sogar Krebserkrankungen können herbeigeführt werden.

Beispiel: Beim Ausstreuen von Bindemittel kam es bei einem Feuerwehrmann zur Atemnot, da er keinen Staubschutz trug und den Staub inhaliertet.

Abbildung 17:
Ölbindemittel stauben meist stark beim Ausbringen (Quelle: Andreas Büttner)

Hinweis: Ölbindemittel neigen beim Ausbringen teilweise zu starker Staubentwicklung. Das Tragen von Staubschutzmasken ist absolut zu empfehlen.

■ Einsatzstellenhygiene

Auch im Einsatz bei der Beseitigung von Öl und Kraftstoffen auf Verkehrsflächen ist die Einsatzstellenhygiene ein großer Aspekt. Die Kontaminationsverschleppung ist so gut wie möglich zu vermeiden. Durch Schulungen sowie Planungen kann auf die Gefahren für die Gesundheit eingegangen und schon vor dem Einsatz Maßnahmen ergriffen werden. Dies beginnt bei der Schutzkleidung, Schutzmaßnahmen beim Umgang und weiterführende Maßnahmen noch an der Einsatzstelle. Die Schwarz-Weiß-Trennung beginnt an der Einsatzstelle und endet im Feuerwehrhaus.

Mögliche Maßnahmen zur Einsatzhygiene:

Abbildung 18: Verschmutzte Kleidung dicht verschlossen transportieren (Quelle: Dominique Christ)

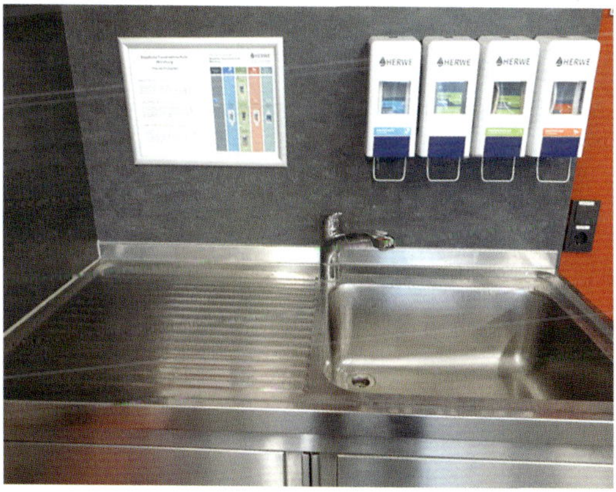

Abbildung 19: An der Einsatzstelle, wenn möglich, die Hände mit Seife waschen. Hierfür bieten sich Hygieneboards gut an. (Quelle: Dominique Christ)

Abbildung 20: Spätestens im Feuerwehrgerätehaus sollten Hände ordentlich mit Seife und warmem Wasser gewaschen werden. Handcreme dient dem zusätzlichen Hautschutz. (Quelle: Dominique Christ)

2.4 Selbstkontrolle und Testfragen

(Lösungen siehe Seite 96)

1. Wer ist für die Ausrüstung der Feuerwehr zuständig?

a) Die Feuerwehr selbst, da sie sie selbst tragen muss
b) Der Träger (Gemeinde, Stadt) der Feuerwehr, da er als Unternehmer verantwortlich ist
c) Der Gerätewart, da er für die Ausrüstung und Gerätschaften verantwortlich ist

2. Welche Hauptaufgabe hat die persönliche Schutzausrüstung bei Gefährdung durch den fließenden Straßenverkehr?

a) Wahrnehmbarkeit bei Tag und bei Nacht
b) Schutz vor Kälte im Winter
c) Erkennbarkeit der Körperkontur
d) Schutz der privaten Kleidung beim Einsatz

3. Beim Einsatz mit Mineralölprodukten kann es zu einer erheblichen schädigenden Wirkung auf Lebewesen und Umwelt kommen. Welche erweiterte Schutzkleidung gibt es für die Feuerwehr?

a) Einweganzug, der in Verbindung mit einem Filter ab der Schutzstufe FFP1 bis zu einem Pressluftatmer getragen werden kann
b) Mineralölschutzanzug, der mit einem Stichflammenschutz fürs Gesicht ausgerüstet ist
c) Eine schwere Einsatzjacke, da sie einen hohen Saugeffekt hat

3 Mineralölprodukte und Bindemittel

In den Fahrzeugen, die im Straßenverkehr unterwegs sind, werden zahlreiche Betriebsmittel eingesetzt, um das Fahrzeug technisch einwandfrei betreiben zu können, so zum Beispiel Motoröl zum Schmieren der Motormechanik, Getriebeöl zum reibungslosen Betrieb der Getriebemechanik und natürlich der Treibstoff zum Antreiben des Fahrzeugs, wie z.B. Diesel oder Benzin.

Kommt es zu einem Verkehrsunfall oder einem technischen Defekt an einem Fahrzeug, so ist es nachvollziehbar, dass einerseits örtlich begrenzt an einer Unfallstelle oder andererseits unter Umständen über einige Kilometer verteilt die Betriebsmittel austreten und den Straßenbelag benetzen.

Als Feuerwehr, die zur Einsatzstelle gerufen wurde, sollte man über die wichtigsten Eigenschaften dieser Produkte einen Überblick haben und wissen, wie sich diverse Stoffe dort verhalten. Denn wenn man weiß, wie Stoffe sich verhalten, kann man auch eine geeignete Maßnahme abwägen, wie man diese Stoffe wieder beseitigen kann. Dazu kommt das Wissen über das Verhalten der zur Verfügung stehenden Bindemittel und Aufnahmetechniken.

In diesem Kapitel werden die Eigenschaften von Mineralölprodukten und diversen Bindemitteln beschrieben.

3.1 Eigenschaften und Verhalten von Mineralöl

Grundsätzlich kann man Fette, Öle und Flüssigkeiten in zwei Kategorien einteilen. Man unterscheidet hier nach Art der Gewinnung der Produkte. Einerseits gibt es natürliche Vorkommen, bei denen das Fett oder Öl Bestandteil eines natürlichen Produktes ist. Andererseits können Fette und Öle auch synthetisch hergestellt werden, wobei Mineralöl in einem Prozess behandelt wird. Beide Produktgruppen können grundsätzlich in Kraftfahrzeugen und somit im Straßenverkehr vorkommen.

Natürliche Fette und Öle haben üblicherweise eine pflanzliche oder eine tierische Herkunft. So werden beispielsweise Pflanzensamen von Raps oder

Sonnenblume durch Pressen zu Rapsöl oder Sonnenblumenöl, welche durchaus als Treibstoff dienen können. Weiterhin werden tierische Fette durch Ausschmelzen erzeugt, die dann als Schmierstoff dienen können.

Synthetische Produkte hingegen stammen normalerweise vom Mineralöl ab. In industriellen Raffinerien werden dort diverse Öle, Fette und Treibstoffe in einem speziellen Prozess erzeugt. Weiterhin lassen sich durch den chemischen Prozess die chemischen und physikalischen Eigenschaften des jeweiligen Produktes in eine gewünschte Richtung verbessern, wie z.B. Schmiereigenschaft oder Viskosität. Im Kfz sind überwiegend synthetische Mineralölprodukte zu finden.

3.1.1 Schmierfilm und Viskosität

Bei der Viskosität spricht man auch von der Zähflüssigkeit oder der inneren Reibung eines Stoffes. Je höher die Viskosität eines Stoffes ist, desto geringer ist das eigene Fließ- und Ausbreitungsverhalten. Ein Beispiel für ein hochviskoses Mineralölprodukt ist Schmierfett, das in Lagern und beweglichen Verbindungselementen im Kfz-Bereich eingesetzt wird. So setzt man es in Kugellagern des Antriebsstrangs oder Schmierstellen von Baufahrzeugen ein. Dagegen wird als Motoröl ein eher dünnflüssigeres Schmiermittel eingesetzt, da dieses leicht in alle Ecken und Enden des Antriebes fließen muss. Hydrauliköl einer Baumaschine hat ein Fließverhalten, das dem des Wassers ähnlich ist. Daraus ergibt sich jedoch die Situation, dass sich im Feuerwehreinsatz diese Stoffe unterschiedlich gut mit dem vorhandenen Mittel aufnehmen und entsorgen lassen.

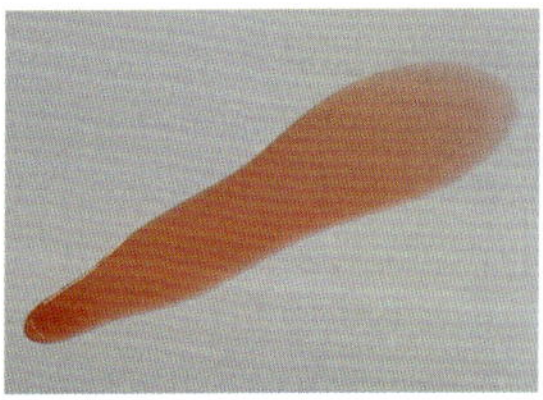

Abbildung 21: Hochviskoses Schmierfett (Quelle: Andreas Büttner)
Abbildung 22: Motorenöl (Quelle: Andreas Büttner)
Abbildung 23: Leichtflüssiges Hydrauliköl (Quelle: Andreas Büttner)

Die wichtigste Eigenschaft eines Schmierstoffes ist die Erzeugung eines Schmierfilms als Trennschicht, z.B. zwischen zwei beweglichen Flächen. Durch den Stoff wird die Reibung herabgesetzt und bewegliche Teile können ohne wesentlichen Verschleiß aneinander vorbeilaufen. Ein Beispiel dafür ist die Motorschmierung des Verbrennungsmotors. Das Motoröl erzeugt zwischen Kolben und Zylinderbuchse einen Schmierfilm, der die Reibung mindert. Fällt diese Schmierung aus und der Film reißt ab, kann es zum „Kolbenfresser“ kommen und der Motor wird beschädigt.

Im Gegensatz zum Motorinneren ist ein Schmierfilm auf einer Verkehrsfläche unerwünscht. Denn auch hier wird die Reibung zwischen Reifen und Straße herabgesetzt. Damit wird der Bremsweg unter Umständen stark verlängert und es besteht absolute Schleudergefahr für alle Verkehrsteilnehmer. Die Unfallgefahr wird enorm vergrößert.

3.1.2 Eindringverhalten in den Straßenbelag

Mit dem Eindringverhalten des Schmierstoffes in den Straßenbelag wird die Eigenschaft beschrieben, wie leicht und wie tief das Produkt in die Poren der Straße eindringt. Dies ist abhängig von der Viskosität des Stoffes, denn dünnflüssige Stoffe dringen leichter bis in die Tiefe des Belages ein als z.B. zähes Fett. Allerdings spielt hier auch das Überfahren der Einsatzstelle eine Rolle. Durch den Straßenverkehr wird ein Stoff durchaus bis in die Tiefe des Belags eingepresst und ist somit auch schwieriger zu entfernen.

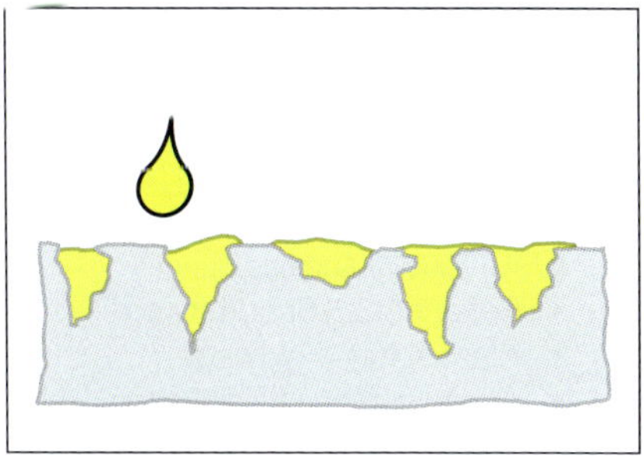

Abbildung 24: Eindringen dünner Flüssigkeiten (Quelle: Andreas Büttner)
Abbildung 25: Einpressen durch Straßenverkehr (Quelle: Andreas Büttner)

■ Aufbau von Straßenfahrbahnen

Deckschicht
Oberste, sichtbare Schicht, auf welcher der Verkehr fließt. Durch diverse Materialien können unterschiedliche Eigenschaften erzeugt werden.

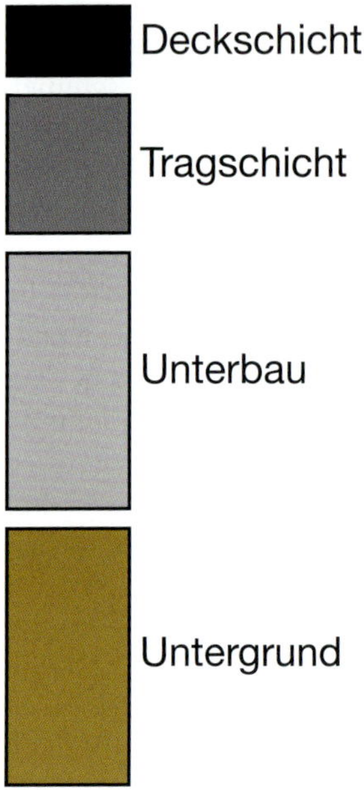

Tragschicht
Sie hat das spätere Straßenverlaufsprofil und ist üblicherweise mit einem Bindemittel gemischt, um formbeständig und fest zu sein. (z.B. Bitumenbinder)

Unterbau
Massive Schicht z.B. aus Schotter, die einen tragfähigen Untergrund bildet. Darüber werden die großen Lasten in den Boden abgeführt. Sie dient auch der Frostsicherheit.

Untergrund
Natürlicher Boden, der bereits vorhanden ist, auf dem die Straße gebaut wird.

Nachdem die Deckschicht die oberste Lage der Straße ist, welche mit dem Straßenverkehr direkt in Berührung kommt, ist diese besonders zu betrachten, da dort die Straßenverunreinigung wirkt. Nachfolgend werden die gängigsten Belagsarten dargestellt:

Abbildung 26:
Deckschicht ohne Bindemittel (DoB) (Quelle: Andreas Büttner)
- Bekannt als „Schotterweg“
- Klassischer „Feldweg“
- Ausgelaufene Flüssigkeiten können nur schwer gebunden werden
- Flüssigkeiten dringen ein

Abbildung 27:
Pflasterdecke (Quelle: Andreas Büttner)
- Ungebunden verlegt mit Sandfugen
- Gebunden verlegt mit Zementfugen
- Naturstein, Beton, Klinker
- Nicht für Schwerverkehr geeignet
- Durch offene Fugen kann Flüssigkeit eindringen

Abbildung 28:
Betondecke (Quelle: Andreas Büttner)
- Mit Zement gebundener Belag
- Sehr widerstandsfähig und belastbar
- Findet im Autobahnbau Anwendung
- Durch hohe Festigkeit, Dehnungsfugen nötig
- Wasserundurchlässig

Abbildung 29:
Asphaltdecke (Quelle: Andreas Büttner)
Gussasphalt
- Wasserdicht
- Widerstandsfähig und belastbar

Asphaltbeton
- Mittlere Belastungen z.B.: innerorts
- Abstumpfung mit Splitt
- Wenig Poren

Splittmastixasphalt
- Für hohe Belastung z.B.: Autobahn
- Feine Poren

Asphaltbeton: Die übliche Asphaltdeckschicht ist eher feinporig und praktisch nicht wasserdurchgängig. Somit sammelt sich eine Ölverschmutzung in den Vertiefungen an der Oberfläche der Deckschicht. Diese Art der Deckschicht ist die gängigste Sorte und häufig zu finden.

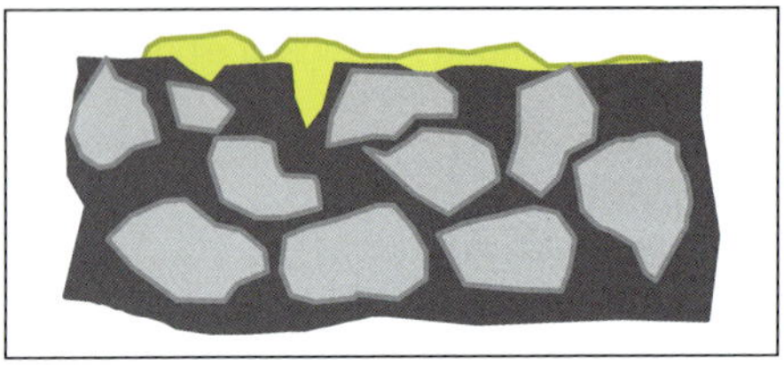

Abbildung 30:
Asphaltbeton – Verunreinigungen dringen nicht tief in den Belag ein.
(Quelle: Andreas Büttner)

Offenporiger Asphalt – auch „Flüsterasphalt genannt": Der offenporige Asphalt (OpA) besteht aus grobem Schotter und wenig Bitumenbinder. Durch die offenen Poren wird der Schall geschluckt. Eindringende Flüssigkeiten wandern durch die Deckschicht und werden durch die darunterliegende Tragschicht an den Straßenrand geleitet.

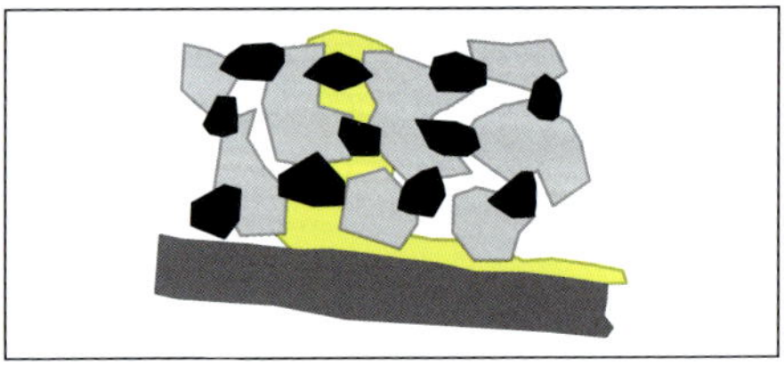

Abbildung 31:
Offenporiger Asphalt (OpA) – Verunreinigungen dringen durch die Deckschicht und sammeln sich auf der Tragschicht (Quelle: Andreas Büttner)

Der OpA wird häufig auf Autobahnen und in Ortsdurchfahrten eingesetzt. Feuerwehren, die solch einen Belag in ihrem Einsatzgebiet haben, sollten unbedingt die nachfolgenden Hinweise beachten.

Einsatzhinweise:
- Wenn vermeidbar, **kein Ölbindemittel einsetzen** – dieses verstopft die offenen Poren und dämpft die schallschluckenden Eigenschaften.
- Nach Absprache mit dem Baulastträger die Straße im Nassreinigungsverfahren reinigen lassen.

- Eingedrungenes Öl kann am Straßenrand ausgespült werden und in das Bankett eindringen.
- Auffangmaßnahmen am Straßenrand treffen.

3.1.3 Unpolares Verhalten

Hier werden die Unterschiede zwischen polaren und unpolaren Flüssigkeiten beschrieben. Sehr vereinfacht könnte man hier von der Mischbarkeit mit Wasser sprechen. Diese Eigenschaft des ausgetretenen Stoffes ist deshalb interessant, da im Alltag Regen und damit nasse Fahrbahnen das Verhalten und die zu treffenden Maßnahmen beeinflussen.

Polare Flüssigkeiten lassen sich gut miteinander mischen.

Beispiel: Wasser gemischt mit Alkohol – Wasser lässt sich gut mit Wein mischen und ergibt eine Schorle.

Unpolare Flüssigkeiten hingegen lassen sich mit polaren Flüssigkeiten nicht mischen.

Beispiel: Das Olivenöl im Nudelwasser schwimmt auf und vermischt sich nicht.

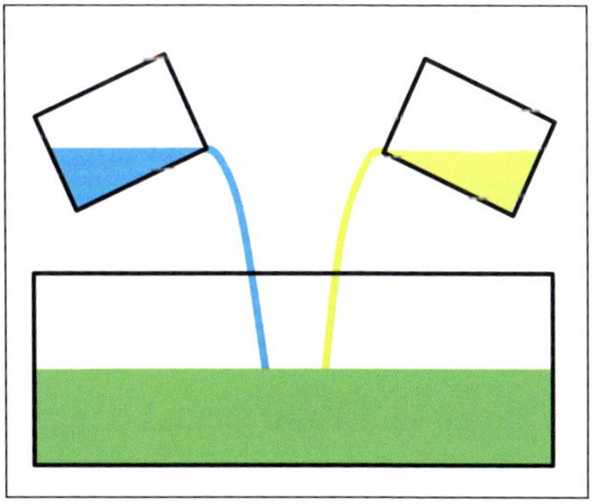
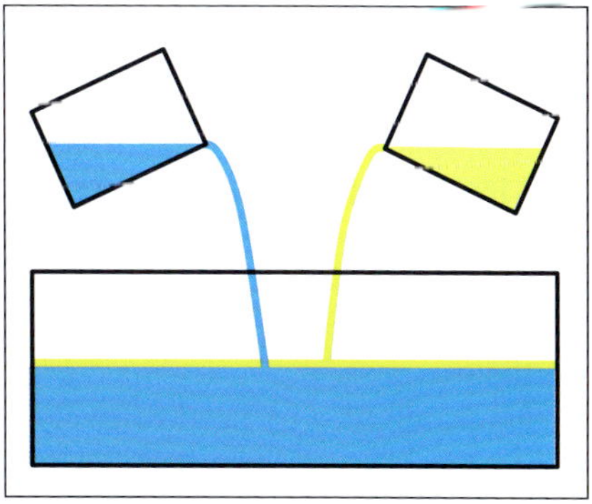

Abbildung 32: Mischen zweier polarer Flüssigkeiten (Quelle: Andreas Büttner)
Abbildung 33: Mischen zweier unpolarer Flüssigkeiten (Quelle: Andreas Büttner)

Neben der Polarität spielt auch die Dichte der Flüssigkeiten eine entscheidende Rolle. Bei unpolaren Flüssigkeiten ist es so, dass die Flüssigkeit mit der geringeren Dichte, also die „leichtere" Flüssigkeit, oben aufschwimmt. So entsteht eine klare Trennung zwischen zwei Stoffen.

Als Beispiele werden nachfolgend verschiedene Flüssigkeiten im Kfz beschrieben, mit denen eine Feuerwehr an einer Einsatzstelle in Kontakt kommen könnte, da bei technischen Defekten bzw. bei Verkehrsunfällen Betriebsmittel austreten könnten.

Polare Flüssigkeiten

- Kühlwasser: Im wassergekühlten Motor dient das Kühlmittel der Wärmeabfuhr. Damit es im Winter nicht auffriert, ist dem Wasser anteilig ein Frostschutzmittel zugemischt. Glycerin, Ethanol oder Ethylenglycol sind hier üblich. Dies sind alles **Alkohole,** die gut mit Wasser mischbar sind.
- Scheibenwaschwasser: Reinigungsflüssigkeit für die Scheiben, bestehend aus Wasser und **alkoholhaltigem Reiniger,** z.B. Spiritus.

Unpolare Flüssigkeiten

- Kraftstoff: Benzin, Diesel, Biodiesel, Pflanzenöl und bioethanolhaltige Kraftstoffe sind alles Kohlenwasserstoffe, die ein unpolares Verhalten haben. Das Fließverhalten ist ähnlich wie bei Wasser.
- Motoren- und Getriebeöl: Meist synthetisches Öl zur Schmierung des Motors und des Getriebes. Es weist ein trägeres Fließverhalten als Wasser auf.
- Schmierstoffe und Fett: Meist synthetisches Fett, das zur Schmierung diverser mechanischer Teile im Kfz dient. Es ist so zäh, dass es nicht fließt.
- Hydrauliköl – in Lastkraftwagen, Traktoren und Baustellenfahrzeugen, um Geräte und Anbauteile anzutreiben (auch Servo-Öl). Das Fließverhalten ist ähnlich dem des Wassers.

Die Tatsache, dass sich viele Betriebsmittel im Kfz nicht mit Wasser mischen lassen, kann dementsprechend zu folgenden Situationen führen:

- Vergrößerung und Verteilung der Ölspur – Das Öl schwimmt auf dem Wasser auf. Durch die Oberflächenspannung spannt sich der Ölfilm über die feuchte Fahrbahn und verteilt sich. Zudem bilden sich regenbogenfarbige Schlieren, die spektakulär aussehen. Oftmals ist die tatsächliche Menge jedoch eher gering. Somit können auch wenige Öltropfen auf regennasser Fahrbahn aussehen wie eine große Lache.
- Wiederaufschwemmen einer älteren Ölspur bei Regen – Wurde eine Ölspur nicht ausreichend und porentief gereinigt, so kann es bei Regen sein, dass altes Öl aus dem Straßenbelag aufgeschwemmt wird.
- Öl auf Gewässer – Wenige Tropfen Öl oder Kraftstoff breiten sich auf dem Wasser schnell und großflächig aus. Dies wirkt durch die schillernde Farbe sehr beeindruckend.

Abbildung 34: Regennasse Fahrbahn an der Stelle einer älteren Ölspur – die Straßenverunreinigung ist klar erkennbar. (Quelle: Dominique Christ)

Abbildung 35: Dieselfilm auf Gewässer – die Leichtflüssigkeit macht sich durch bunte Schlieren gut erkennbar (Quelle: Andreas Büttner)

3.1.4 Flüchtigkeit und Entzündlichkeit

Die Flüchtigkeit oder auch Verdunstungszahl beschreibt, wie schnell ein Stoff im Verhältnis zum Bezugsstoff Diethylether verdunstet. Je größer die Flüchtigkeit eines Stoffes ist, desto eher verdunstet er vom Straßenbelag. Hier spielt auch die Umgebungstemperatur, die Sonneneinstrahlung und der Wind eine Rolle. Dementsprechend ist es wichtig, dass die Feuerwehr an der Einsatzstelle feststellt, um welchen Stoff es sich bei der Straßenverunreinigung handelt.

Hinweis:
- Benzin hat eine wesentlich größere Flüchtigkeit als Motorenöl.
- Besonders an warmen Tagen kann es sein, dass z.B. ausgetretenes Benzin nicht aufgenommen werden muss, da es bis zum Eintreffen der Feuerwehr verdunstet ist.

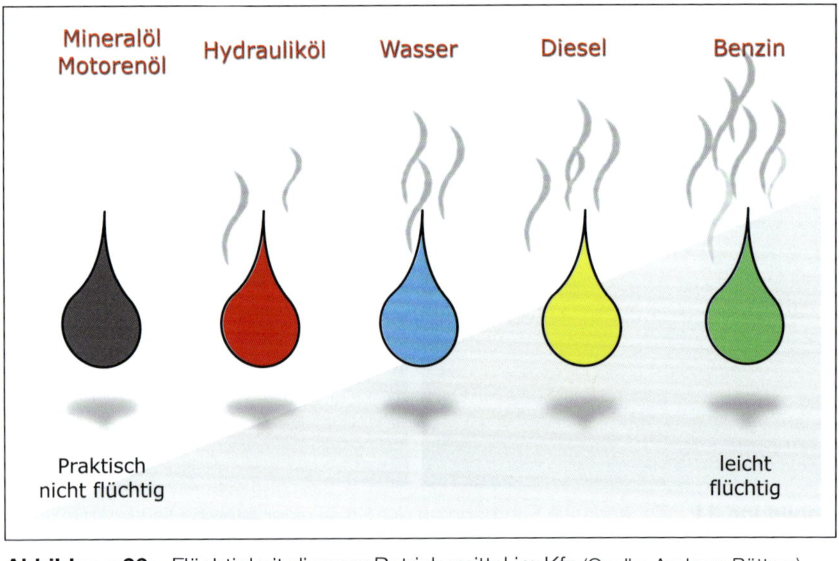

Abbildung 36: Flüchtigkeit diverser Betriebsmittel im Kfz (Quelle: Andreas Büttner)

Wenn man die Entzündlichkeit von Stoffen betrachtet, sind zwei Temperaturen entscheidend:

Flammpunkt: Die Temperatur des Stoffes, bei der gerade so viele Dämpfe über der Flüssigkeit gebildet werden, dass bei externer Zündung eine Flamme abbrennt.

Zündtemperatur: Die Temperatur des Stoffes, bei der ohne externe Zündquelle die Selbstentzündung passiert.

Für den Einsatz sind in der Praxis vor allem die Werte der Stoffe interessant, die der Feuerwehr im Alltag begegnen. Wenn man die Flammpunkte in Tabelle 3 betrachtet, wird schnell klar, dass von Benzin eine wesentlich größere Brandgefahr ausgeht als von Diesel. Somit müssen ggf. die Brandschutzvorkehrungen an einer Einsatzstelle angepasst werden.

Tabelle 3: Flammpunkte einiger Betriebsmittel

	Flammpunkt	Zündtemperatur
Motoröl	100 °C	>450 °C
Diesel	ca. 65 °C	250 °C
Petroleum	ca. 55 °C	260 °C
Benzin	–10 °C	ca. 350 °C

Hinweis:
- Bei normalen Umgebungstemperaturen geht von einer Öl- bzw. Dieselspur kaum eine Brandgefahr aus.
- Ausgelaufenes Benzin hingegen kann sich praktisch zu jeder Jahreszeit bei nahezu allen Umgebungstemperaturen entzünden.

3.2 Auswahl von Bindemitteln

Ziel der Ölschadenbeseitigung ist es, die Straße in den ursprünglichen Zustand zu bringen. Das ausgetretene Medium muss dabei unter Einsatz von Hilfsmitteln von der Fahrbahn entfernt werden.

Diese Hilfsmittel können sein:

- Bindemittel
- Reinigungsmittel
- Absorber
- Maschinen und Geräte zur maschinellen Reinigung

3.2.1 Wirkungsweise von Bindemitteln

Grundsätzlich kann man die Wirkungsweise von Bindemitteln mit zwei physikalischen Eigenschaften beschreiben:

■ Absorption

Absorbieren – in sich aufnehmen, aufsaugen „wie ein Schwamm". Das offenporige Absorbermaterial verhält sich wie ein Schwamm. Durch die Kapillarwirkung saugt das Korn die Flüssigkeitstropfen in sich auf und behält diese in sich gespeichert. Die Flüssigkeit wird im Absorber gebunden mit diesem gemeinsam entsorgt.

Abbildung 37:
Absorbierende Wirkung des Bindemittels
(Quelle: Andreas Büttner)

Bindemittelmaterialien

Moler bzw. Kieselgur: Jahrmillionen altes Sedimentgestein, welches hauptsächlich in Dänemark abgebaut wird. Durch die mineralische Herkunft ist es günstig und reagiert mit nur ganz wenigen Stoffen, sodass es gut als Universalbinder eingesetzt werden kann.

- schwimmfähig
- bedingt wasserabweisend
- starke Staubentwicklung
- unempfindlich gegen Wind
- 0,3 – 4,0 mm Korngröße
- Dichte ca. 450 g/l
- Bindekraft ca. 0,42 l/l (Mineralöl)
- Klassen: III R

Abbildung 38: Bindemittel aus Moler (Quelle: Andreas Büttner)
Abbildung 39: Bindemittel aus Kieselgur (Quelle: Andreas Büttner)

Blähton/Porenbeton: Recyclingprodukt aus alten Bausteinen, mineralisch, trittfest

Organisches Streumaterial: aus Maisspindeln, Leder, Kork oder Torf

Natürliches Korkgranulat: aus pflanzlicher Herstellung. Das Korkmaterial wird zu einer Schüttung granuliert. Die Flocken haben eine schaumähnliche Struktur.

- schwimmfähig
- absolut wasserabweisend
- mäßige Staubentwicklung
- empfindlich gegen Wind
- Dichte ca. 200 g/l
- Bindekraft ca. 4,8 l/kg (Öl)
- Klassen: I/II/III

Abbildung 40:
Bindemittel aus Kork (Quelle: Andreas Büttner)

Polyurethanschaum: Recyclingprodukt aus Kühlgeräten. Der Isolierkörper von z.B. Kühlgeräten wird geschreddert und ggf. pelletiert. Die Pulverflocken eignen sich durch deren Schaumstruktur gut als Absorber.

- schwimmfähig
- wasserabweisend
- sehr starke Staubentwicklung
- sehr empfindlich gegen Wind
- Dichte ca. 150 g/l
- Bindekraft ca. 0,30 l/l (Mineralöl)
- Klassen: III R

Abbildung 41: Polyurethanschaumflocken, geschreddert, aus alten Kühlschränken (Quelle: Andreas Büttner)

Abbildung 42: Polyurethanschaumpellets, Abfallprodukt im Kühlgeräterecycling (Quelle: Andreas Büttner)

■ Adsorption

Adsorbieren – an sich anhaften, anlagern „wie ein Magnet"

Abbildung 43: Adsorbierende Wirkung des Bindemittels (Quelle: Andreas Büttner)

Das Korn ist so geschaffen, dass es die Flüssigkeit durch Molekularkräfte (van der Waals-Kraft) an der Oberfläche anhaftet. Dabei legt sich die Flüssigkeit über die Kornoberfläche und klebt dort an. Die Flüssigkeit wird mit dem Bindemittel entsorgt.

Bindemittelmaterialien

Elastomer-mineralisches Granulat: Mischung aus diversen zerkleinerten Kunststoffen aus dem Recycling und mineralischen Anteilen (Blähton etc.). Der Elastomeranteil hat eine größere Aufnahmekapazität gegenüber dem mineralischen Bestandteil, wobei dieser jedoch für die Rutschfestigkeit der Gesamtschüttung nötig ist.

- schwimmfähig
- wasserabweisend
- keine Staubentwicklung
- unempfindlich gegen Wind
- Dichte ca. 600 g/l
- Bindekraft ca. 0,73l/l (Öl)
- Klassen: I, II, III

Abbildung 44:
Bindemittel aus Recycling-Elastomer (z.T. Altreifen) (Quelle: Andreas Büttner)

Ölbindendes Wachs: Mit Wachs überzogene Kehrspäne. Die Späne dienen als Trägermaterial für das Wachs. Das Wachs hat dann die anhaftende Eigenschaft.

Ölvliese und -tampons: Kombination beider Wirkprinzipien – die einzelnen Kunstfasern haften das Ölprodukt an (Adsorption), wobei das Gewebe so aufgebaut ist, dass zwischen den Fasern das Öl aufgesaugt wird (Absorption)

3.2.2 Klassifizierung von Bindemitteln

Das vom Umweltbundesamt im Jahr 1998 veröffentlichte Merkblatt 27 – „Lagerung und Transport wassergefährdender Stoffe Nr. 27 – Anforderungen an Ölbinder" (LTwS 27) beschreibt die Anforderungen an zugelassene Ölbinder.

Die Ölbindemittel werden in vier Typen eingeteilt, die deren Eigenschaft beschreiben.

Typ I – Ölbinder, auch geeignet auf Gewässern größerer Ausdehnung

Typ II – Ölbinder, allgemeiner Einsatz auf Land und kleinen Gewässern

Typ III – Ölbinder, besonderer Einsatz, Gewerbe und Industrie – muss nicht wasserabweisend sein

Typ IV – Ölbinder für Gewässer

Zusatz R – „rutschfest" – geeignet bei Regen, Rutschfestigkeit nach Einsatz > 80 % vom Normalzustand der Straße

Hinweis: Üblicherweise wird im Feuerwehreinsatz der Typ I/R oder III/R eingesetzt.

Weiterhin findet man in den folgenden Regelwerken weiterführende Informationen zu den Anforderungen an Ölbindemittel:

DWA-A 716-1 Arbeitsblatt – Öl- und Chemikalienbindemittel; Anforderungen, Prüfkriterien, Zulassung Teil 1: Allgemeine Anforderungen

DWA-A 716-9 – Öl- und Chemikalienbindemittel – Anforderungen und Prüfkriterien

Hinweis: Alle für den Straßenverkehr zugelassenen Ölbindemittel sind in einer Liste zusammengefasst. Somit kann sich jede Feuerwehr ihr individuelles Bindemittel anhand dieser Liste auswählen.

Verband der Hersteller geprüfter Öl- und Chemikalienbindemittel GÖC e.V. – https://www.goec-ev.com/downloads-2

Ein eigens durchgeführter Versuch (*Abb. 45*) hat gezeigt, dass die mineralischen Binder (Moler, orange und weiß) das Öl (rot) schneller aufnehmen als Kork (braun). Jedoch sind das Bindevermögen und die aufnehmbare Menge an Öl bei Kork etwas höher als bei Moler.

Abbildung 45: Aufnahmefähigkeitsversuch (Quelle: Andreas Büttner)

Ein weiterer Versuch zeigte, dass sich das Bindemittel aus Kork absolut wasserabweisend verhält. Die anderen Bindemittel nehmen das Wasser schnell auf. Es wurde aber auch ersichtlich, dass die mineralischen Binder, solange sie nicht vollständig mit Wasser gesättigt sind, weiterhin Öl aufnehmen können. Für den Einsatzfall heißt das, dass auch bei feuchten Straßen durchaus eine Ölaufnahme stattfinden kann.

Abbildung 46: Kork – völlig wasserabweisendes Ölbindemittel (Quelle: Andreas Büttner)

■ Dochtwirkung

Jede Flüssigkeit neigt zum Verdampfen. Dabei findet ein Phasenübergang von flüssig nach gasförmig statt. Das Verdampfungsverhalten ist abhängig von:

- der Temperatur,
- dem Sättigungsdampfdruck der Umgebung,
- der Oberfläche der Flüssigkeit.

Merke:
- An warmen Tagen ist die Entzündungsgefahr größer als an kalten Tagen.
- Je größer die Fläche und feiner die Verteilung der Flüssigkeit, desto mehr Dampf entsteht.

Ein Tropfen einer Flüssigkeit hat eine sehr kleine Oberfläche und neigt somit weniger zum Verdampfen. Ist der Tropfen nun in einem Bindemittel gebunden, so vervielfacht sich die Oberfläche durch die Kapillare und durch Anhaftung an die kleinen Binderkörner.

Hinweis: Wenn brennbare Stoffe wie Benzin oder Öl mit Ölbindemittel aufgenommen werden, bildet sich schnell eine explosive Atmosphäre, da durch die Oberflächenvergrößerung mehr brennbare Dämpfe entstehen.

Beispiel: Der Flammpunkt von Diesel liegt bei ca. 65 °C. Bei normalen Wetterverhältnissen geht von einer Dieselspur eine sehr geringe Brandgefahr aus. Wird diese Spur nun mit einem Bindemittel aufgenommen, so bilden sich durch die verstärkte Verdampfung so viele brennbare Dämpfe, dass bereits ein statischer Funken zum Entzünden führen kann.

Hinweis: Bei Ölspureinsätzen sind jegliche Zündquellen zu vermeiden! Gegebenenfalls muss der Brandschutz sichergestellt werden.

3.2.3 Absorbervlies und -tampons

Absorbervliese und -tampons sind aus Polypropylen-Fasern. Sie werden als Gewebe oder Watte hergestellt. Die einzelne Polypropylen-Faser hat die physikalische Eigenschaft, das Öl an sich anzuhaften (Adsorption).

Zu Gewebe verarbeitet kommt zusätzlich noch die Bindung durch Kapillarwirkung zwischen den Fasern hinzu (Absorption). Daher sind Vliesmaterialien sehr saugkräftig.

Vliese haben üblicherweise eine ausgeprägte hydrophobische Eigenschaft und sind gut geeignet, um beispielsweise geringe Mengen Leichtflüssigkeit von Gewässern aufzunehmen. Diese sind als vorkonfektionierte Tücher, aber auch als Meterware auf der Rolle erhältlich. Der Vorteil gegenüber einem Streu- oder Schüttgut ist, dass das eingesetzte Tuch nach dem Einsatz an einem Stück aufgenommen und entsorgt werden kann.

Spezielle Vliese eignen sich auch sehr gut, um auf glatten Untergründen, wie Hallenböden und Betonflächen, ein ausgetretenes Medium von einem festen Untergrund aufzunehmen.

Abbildung 47: Einsatz von Absorbertampons (Quelle: Andreas Büttner)
Abbildung 48: Einsatz von Absorbervlies (Quelle: Andreas Büttner)

Abbildung 49: Aufnahmeversuch diverser Vliese (Quelle: Andreas Büttner)

Absorbertampons eignen sich sehr gut für den Einsatz auf dem Wasser. Man kann sie auch einsetzen, um eine Eindämmung zu bauen, da sie eine große Saugkraft haben.

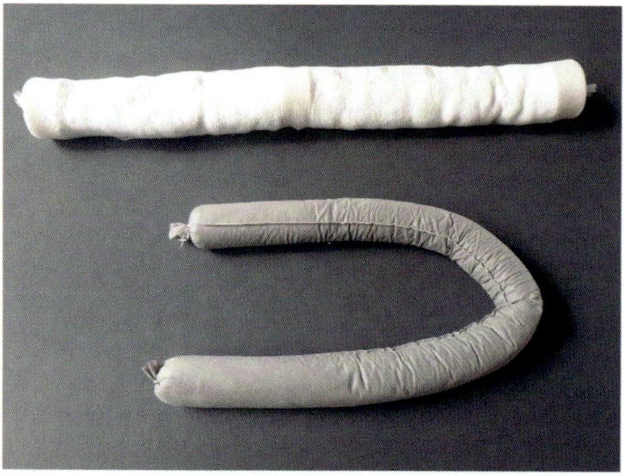

Abbildung 50: Aufnahmefähigkeitsversuch (Quelle: Dominique Christ)

3.2.4 Flüssigreiniger

Eine weitere Möglichkeit, die Verunreinigung zu entfernen, ist der Einsatz eines Nassreinigungsverfahrens. Diese Methode wird in Kap. 4.3.3 beschrieben. Hier kommen in den meisten Fällen Reinigungsmittel zum Einsatz. Diese werden ausgebracht, reagieren mit dem Stoff und müssen immer als Gemisch aufgesaugt werden. Das Reinigungsmittel hat immer eine Einwirkzeit. Die Reinigungsmittel enthalten normalerweise Tenside.

Tenside sind Stoffe, die das Mischen von öligen Flüssigkeiten mit Wasser ermöglichen. Es bildet sich eine Emulsion. Somit kann eine Straßenverunreinigung porentief und nahezu vollständig gelöst werden. Das Tensid stellt ein „Bindeglied" dar, das auf der einen Seite am öligen Stoff anhaftet und auf der anderen Seite eine Bindung mit dem Wasser eingeht.

Ebenso senkt das Tensid die Oberflächenspannung des Wassers und ermöglicht eine größere Eindringtiefe in den Straßenbelag.

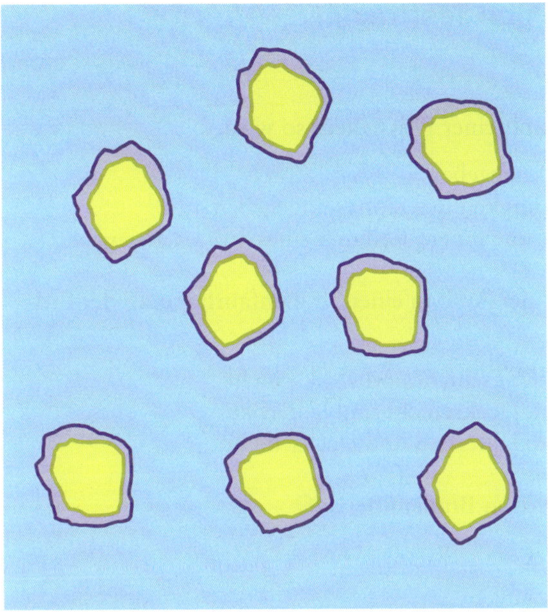

Abbildung 51:
Eine Emulsion unter der Lupe – Das Tensid (violett) wirkt als Bindeglied zwischen Öl (gelb) und Wasser (blau). (Quelle: Andreas Büttner)

Abbildung 52:
Aufsprühen eines einsatzfertigen Flüssigreinigers (Quelle: Andreas Büttner)

3.3 Selbstkontrolle und Testfragen

(Lösungen siehe Seite 96)

1. Spricht man von Viskosität einer Flüssigkeit, so wird...

a) die Dichte des Stoffes angegeben.
b) die Reaktionsgeschwindigkeit des Stoffes angegeben.
c) die Zähflüssigkeit oder die innere Reibung eines Stoffes angegeben.

2. Welche Reihenfolge hat der Aufbau einer Straßenfahrbahn ab der Erdoberfläche?

a) Untergrund, Unterbau, Tragschicht und Deckschicht
b) Untergrund, Tragschicht, Deckschicht und Unterbau
c) Tragschicht, Untergrund, Unterbau und Deckschicht

3. Welche Eigenschaften weisen Bindemittel auf?

a) Schwimmfähig
b) Wasserabweisend
c) Empfindlich gegen Wind
d) Teilweise starke Staubentwicklung
e) Starke Geruchsbildung

4. Welche Klassifizierungen eines Bindemittels sind für den Feuerwehreinsatz üblich?

a) Es gibt keine Klassifizierungen für Bindemittel.
b) Jedes Bindemittel ist für den Einsatz anwendbar.
c) Üblicherweise wird im Feuerwehreinsatz der Typ I/R oder III/R eingesetzt.

4 Maßnahmen auf Straßenverkehrsflächen

Wird die Feuerwehr im Einsatzfall und bei Übungen tätig und bewegt sich auf öffentlichen Straßenverkehrsflächen, so hat sie zum Schutz der Einsatzkräfte und zum Schutz der Verkehrsteilnehmer die Verkehrsfläche abzusichern.

Dies ist eines der Ziele, die die Feuerwehr verfolgt. Zusammengefasst sind die drei wichtigsten Aufgaben der Feuerwehr an der Einsatzstelle:

1. Wiederherstellen der Verkehrssicherheit für Verkehrsteilnehmer
2. Umweltverschmutzung für Böden und Gewässer minimieren
3. Erhaltung und Sicherung der Bausubstanz der Verkehrsfläche

Der Feuerwehreinsatz dient der Gefahrenabwehr!

Der Feuerwehreinsatz dient in erster Linie der Gefahrenabwehr. Da oft wenig Zeit für ausführliche Überlegungen und kaum die Möglichkeit besteht, formelle Vorgaben für eine adäquate Straßenreinigung zu erfüllen, handelt die Feuerwehr zur Entscheidungsfindung nach dem Führungsvorgang.

Der Führungsvorgang ist das klassische Mittel zur Entscheidungsfindung bei der Gefahrenabwehr. Somit ist davon auszugehen, dass eine Entscheidung nach bestem Wissen und Gewissen getroffen wird.

Beispiel: Ob die Einsatzmittelauswahl vom Einsatzleiter auf einen Wall aus Ölbindemittel fällt oder auf den Einsatz von Dichtkissen, um den Eintritt von auslaufendem Öl in die Umwelt zu stoppen, ist als gleichwertige Maßnahme anzusehen.

Durch den zielgerichteten Denk- und Handlungsablauf des Führungsvorgangs werden Entscheidungen vorbereitet und umgesetzt. Das Ziel für den Einsatzleiter zur Gefahrenabwehr, die richtigen Mittel, zur richtigen Zeit und am richtigen Ort einzusetzen, wird durch das Schema des Führungsvorgangs unterstützt.

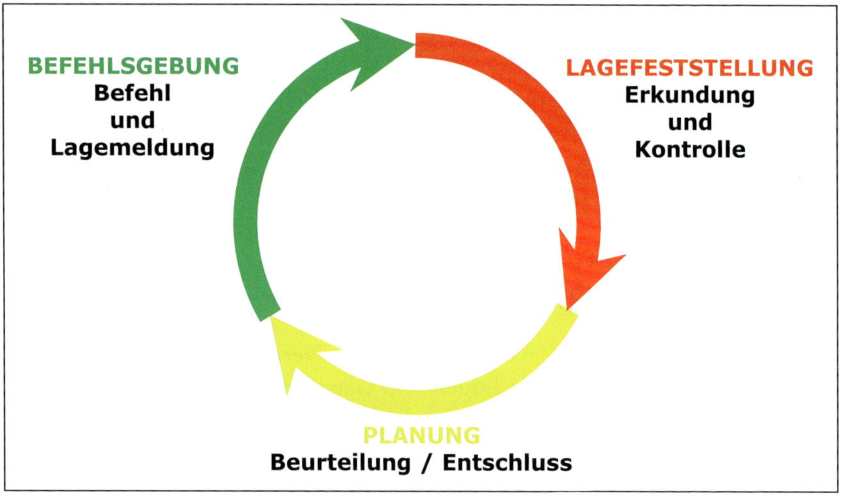

Abbildung 53: Führungskreislauf (Quelle: Andreas Büttner)

An der Einsatzstelle sammelt eine Führungskraft während der Erkundung jede Menge Informationen und Eindrücke, nicht zuletzt über die Sinnesorgane – Sehen, Riechen, Hören und Schmecken. Hierzu dient ein Erkundungsschema.

In der Planungsphase stellt man sich folgende Fragen:

- Welche Gefahren bestehen aktuell?
- Welche Gefahr muss zuerst bekämpft werden?
- Wo ist der Gefahrenschwerpunkt?

Das Sammelsurium an Eindrücken und gewonnenen Informationen lässt sich in eine Reihe vereinheitlichter Gefahren abbilden. Um diese Gefahren der Einsatzstelle besser strukturieren zu können, nimmt man sich die Gefahrenmatrix zu Hilfe.

Gefahren der Einsatzstelle können umfangreich und unüberschaubar sein. Durch die Oberbegriffe der Gefahrenmatrix, der Merkregel (AAAACEE-EE), werden die wichtigsten Gefahrenschwerpunkte benannt und somit keine Gefahren übersehen. Dabei wird immer ein Zusammenhang hergestellt, auf wen oder was diese Gefahr wirkt. So ist schlüssig nachvollziehbar, dass z.B. Gefahren für Mensch und Tier als wichtiger anzusehen sind, als z.B. für ersetzbare Sachwerte. Die Mannschaft und das Gerät sind zusätzlich mit aufgeführt, um hier die Gefahren für die eigenen Kräfte nicht zu vergessen.

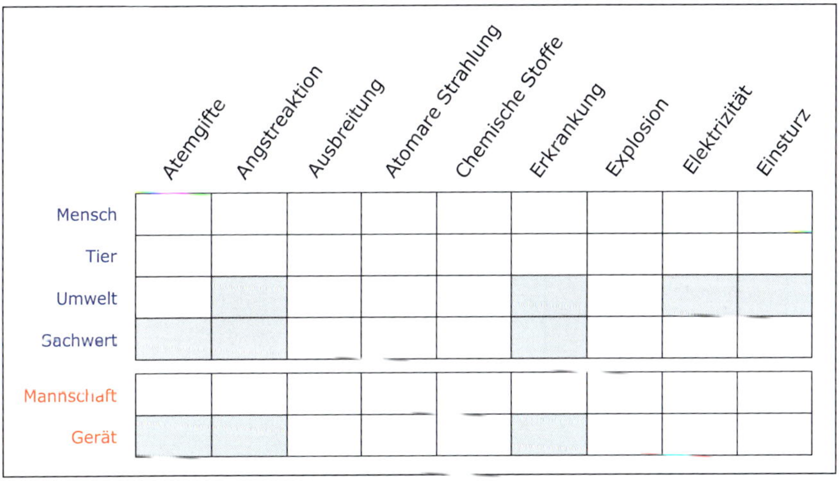

Abbildung 54: Gefahrenmatrix als Führungshilfsmittel (Quelle: Andreas Büttner)

In Gedanken kann so jede Gefahr markiert werden, für die es im Verlauf jeweils eine passende Maßnahme zu finden gilt.

Im hier aufgeführten Beispiel sind die üblichen Gefahren eines Ölspureinsatzes dargestellt. Anhand dieser festgestellten Gefahren muss der Einsatzleiter den Gefahrenschwerpunkt festlegen. Vereinfacht könnte man sagen, dort wo die Gefahr am größten ist, muss der Einsatz begonnen werden.

Der Einsatzleiter arbeitet so nach und nach alle Gefahren aus seiner imaginären Matrix im Kopf ab, bis für jede Gefahr eine geeignete Maßnahme eingeleitet wurde und schließlich keine Gefahren mehr vorhanden sind.

In Bezug auf das Beispiel der Ölspur könnten folgende Überlegungen mit in eine Entscheidung einfließen:

- Abhängig von der Art der Straße und der zugelassenen Geschwindigkeit muss bald eine wirksame Verkehrsabsicherung erfolgen.
- Abhängig von der Menge des ausgelaufenen Stoffes muss frühzeitig die Ausbreitung verhindert werden.
- Abhängig von der Art des auslaufenden Stoffes muss die Art der Aufnahme und Beseitigung des Stoffes entschieden werden.

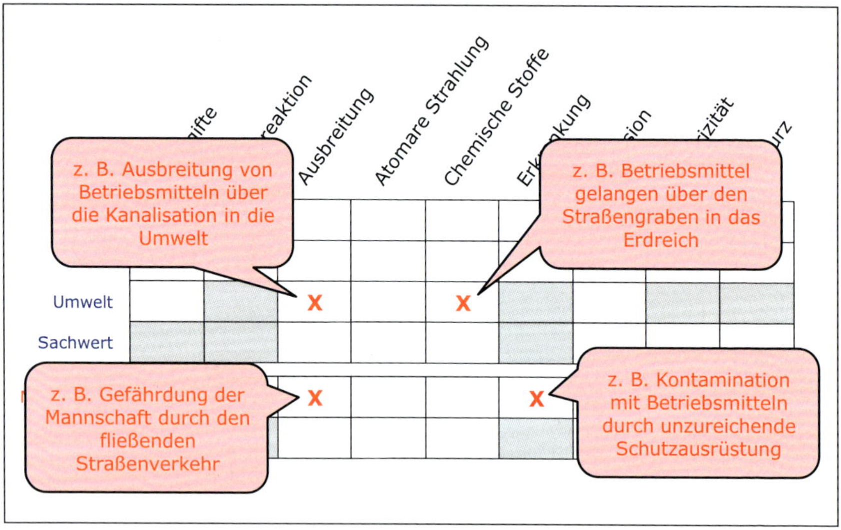

Abbildung 55: Gefahrenmatrix am Beispiel Ölspur (Quelle: Andreas Büttner)

Hinweis: Bei jedem Einsatz erfolgt eine individuelle Entscheidung über die Art und Reihenfolge der Maßnahmen.

4.1 Verkehrsabsicherung

Die Art der Gerätschaften sowie die Abstände für die Absicherung der Einsatzstelle hängen von der jeweiligen Straßenart ab.

In Bezug auf die jeweiligen Geschwindigkeiten sowie auf die Reaktionszeiten und Bremswege ist klar, dass beispielsweise auf Autobahnen aufwändigere Maßnahmen zur Absicherung nötig werden als z.B. auf Ortsdurchfahrten.

Absicherung der Einsatzstelle

Im Bereich von öffentlichen Verkehrsflächen müssen zum Schutz der Einsatzkräfte und zum Schutz der Verkehrsteilnehmer die Einsatzstellen abgesichert werden.

§ 15 Abs. 3 DGUV 49
„Sind Feuerwehrdienstleistende am Einsatzort durch den Straßenverkehr gefährdet, sind diese durch Warn- und Absperrmaßnahmen zu schützen."

Abbildung 56:
Einsatz der Feuerwehr im Straßenverkehr
(Quelle: Dominique Christ)

4.1.1 Autobahnen und Schnellstraßen

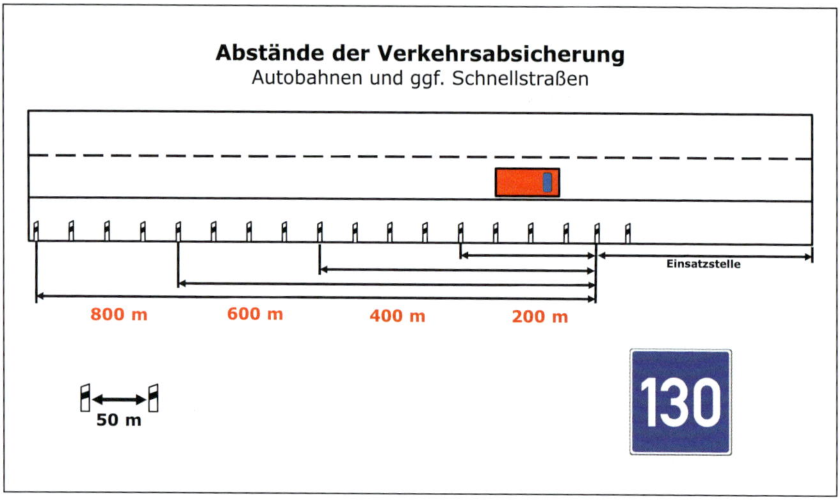

Abbildung 57: Abstände der Vorwarnung auf Straßen mit Richtgeschwindigkeit 130 km/h (Quelle: Dominique Christ)

Hinweis:

- Alle Feuerwehrangehörigen tragen Warnkleidung nach ISO 20471.
- Warnblinklicht, Abblendlicht, blaue Rundumkennleuchte sind zwingend einzuschalten.
- Fahrzeugheckwarneinrichtung einschalten (§ 52 Abs. 11 StVZO).
- Vorwarnung der Verkehrsteilnehmer: 800 m – 600 m – 400 m – 200 m.
- Je nach Ausstattung der Feuerwehr ist der Einsatz eines Verkehrssicherungsanhängers empfehlenswert.
- Wenn möglich, Vorwarnung einsetzen.
- An unübersichtlichen Kurven und Kuppen sind die Abstände für die Vorwarnung anzupassen.

4.1.2 Außerorts

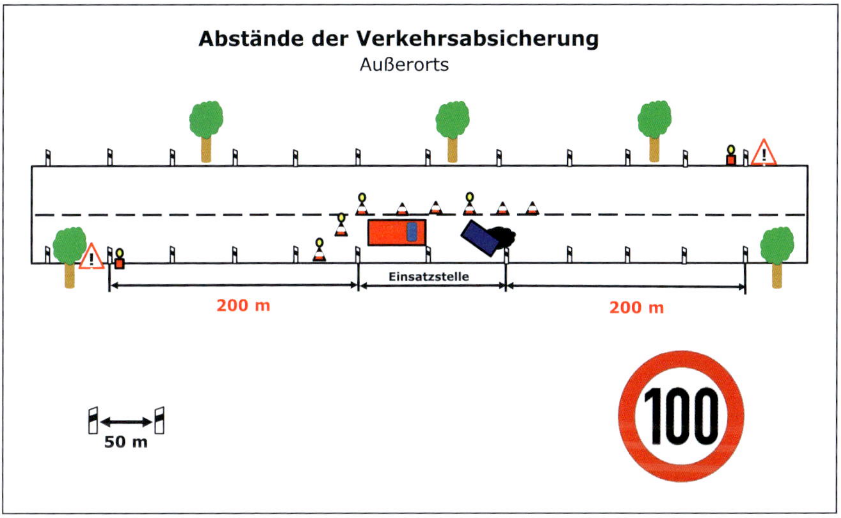

Abbildung 58: Abstände der Absicherung auf Straßen mit Höchstgeschwindigkeit 100 km/h (Quelle: Dominique Christ)

Hinweis:

- Alle Feuerwehrangehörigen tragen Warnkleidung nach ISO 20471.
- Warnblinklicht, Abblendlicht, blaue Rundumkennleuchte sind zwingend einzuschalten.
- Fahrzeugheckwarneinrichtung einschalten (§ 52 Abs. 11 StVZO).
- Vorwarnung der Verkehrsteilnehmer: ca. 200 m vor und nach der Einsatzstelle, beidseitig.
- Einmündungen und Kreuzungen mit in die Absicherung einbeziehen.
- Ggf. eine Verkehrsregelung durchführen.
- An unübersichtlichen Kurven und Kuppen sind die Abstände für die Vorwarnung anzupassen.

4.1.3 Innerorts

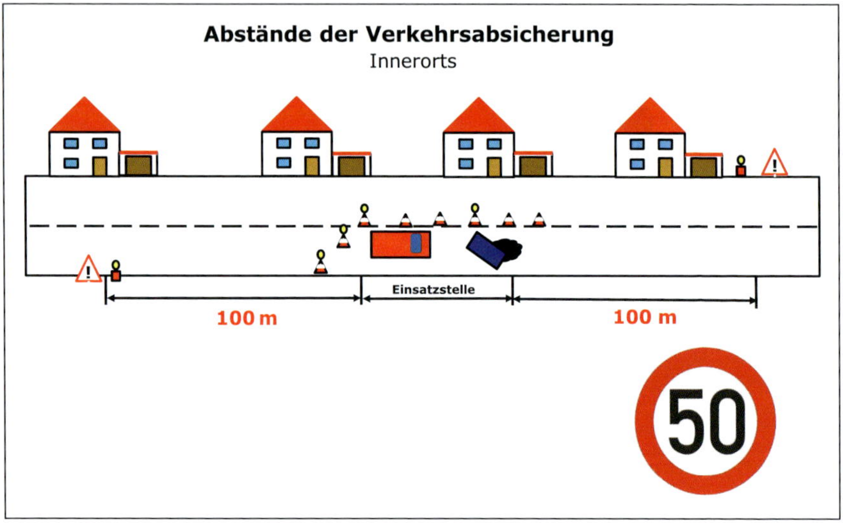

Abbildung 59: Abstände der Absicherung auf Straßen mit Höchstgeschwindigkeit 50 km/h (Quelle: Dominique Christ)

Hinweis:

- Alle Feuerwehrangehörigen tragen Warnkleidung nach ISO 20471.
- Warnblinklicht, Abblendlicht, blaue Rundumkennleuchte sind zwingend einzuschalten.
- Fahrzeugheckwarneinrichtung einschalten (§ 52 Abs. 11 StVZO).
- Vorwarnung der Verkehrsteilnehmer: ca. 100 m vor und nach der Einsatzstelle, beidseitig.
- Einmündungen und Kreuzungen mit in die Absicherung einbeziehen.
- Ggf. eine Verkehrsregelung durchführen.

4.1.4 Geräte zur Verkehrsabsicherung

Tabelle 4: Verkehrsabsicherungsgeräte (Quelle: Dominique Christ)

<table>
<tr>
<td>

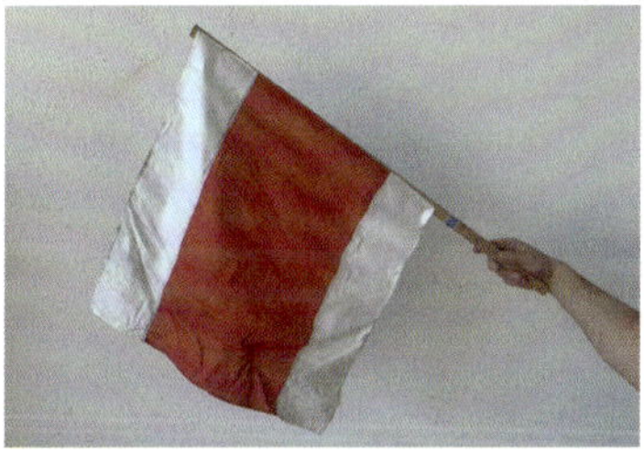
</td>
<td>
Anhaltestab und Warnflagge
<ul>
<li>Rote Vorsatzscheibe, Aufschrift „Halt Feuerwehr“</li>
<li>Empfohlen auf Straßen mit geringer Fahrgeschwindigkeit und innerorts</li>
</ul>
Kfz-Warnleuchte (§53a StVZO)
<ul>
<li>Normbeladung auf Feuerwehrfahrzeugen</li>
<li>Auf Autobahnen nicht auffällig genug (FwDV 1)</li>
</ul>
Blitzleuchte
<ul>
<li>TL-Warnleuchte 90 nach BASt (Bundesamt für Straßenwesen) mit Leuchtscheibendurchmesser 150mm</li>
</ul>
</td>
</tr>
<tr>
<td>

</td>
<td>
Kfz-Warndreieck (§53a StVZO)
<ul>
<li>Normbeladung auf Feuerwehrfahrzeugen</li>
<li>Auf Autobahnen und Schnellstraßen nicht auffällig genug</li>
</ul>
Faltsignal (3-seitig „Feuerwehr“)
<ul>
<li>700 mm Seitenlänge zur Verwendung auf allen Straßen außer Autobahnen</li>
<li>900 mm Seitenlänge auch zur Verwendung auf Autobahnen</li>
<li>Zeichen 101 StVO</li>
</ul>
</td>
</tr>
</table>

Verkehrsleitkegel

- Bauhöhe 500 mm zur Verwendung auf allen Straßenarten, außer Autobahnen und Schnellstraßen
- Bauhöhe 750 mm zur Verwendung auf allen Straßen, ggf. in Verbindung mit einer Stabblitzleuchte
- Folie Typ A ist nicht mehr für den Einsatz auf Autobahnen und Schnellstraßen geeignet
- Im Zuge der Überarbeitung der RSA (Richtlinie für die Sicherung von Arbeitsstellen an Straßen) muss in Zukunft auf jeder Straße ein Leitkegel mit Folie nach RA 2 (Folientyp B) eingesetzt werden
- Leitkegel für den Feuerwehreinsatz sollten eine BASt-Zulassung haben

Fahrbare Vorwarngeräte, wie der Verkehrssicherungsanhänger (VSA) oder der Verkehrssicherungsrollwagen, warnen die Verkehrsteilnehmer frühzeitig vor Unfallstellen oder geänderten Verkehrssituationen auf den Verkehrsflächen. Der Vorteil ist, dass diese eine sehr große Warnfläche haben und mit elektrischer Blitzanlage deutlich für Aufmerksamkeit der Verkehrsteilnehmer sorgen können.

Nachdem der VSA über eine Fahrrichtungsanzeige verfügt und dies eine verkehrslenkende Maßnahme darstellt, ist der Einsatz mit der Polizei bzw. dem Baulastträger abzustimmen.

Abbildung 60: Verkehrssicherungsanhänger im Einsatz (Quelle: Dominique Christ)
Abbildung 61: Verkehrssicherungsrollwagen im Einsatz (Quelle: Andreas Büttner)

4.2 Auffangen, Eindämmen, Abdichten

Durch Unfälle oder technischen Defekt kann es sein, dass Öl oder Kraftstoff aus der Ölwanne oder dem Fahrzeugtank austreten.

Je nach Größe des Kraftfahrzeuges oder des Kraftstofftanks ist mit unterschiedlichen Mengen zu rechnen. Ebenso kann es sein, dass die Flüssigkeit durch den Unfall schnell und vollständig austritt bzw. bei kleineren Schäden eher langsam heraustropft.

Dementsprechend wird sich die Verschmutzung örtlich begrenzen oder auf eine längere Strecke verteilen.

Die Maßnahmen der Feuerwehr verfolgen im Wesentlichen die Ziele, eine weitere Freisetzung sowie die Ausbreitung auf der Verkehrsfläche und auf die Umwelt zu verhindern.

Durch Auffangen von Flüssigkeiten, Eindämmen auf der Verkehrsfläche, Abdichten oder Umpumpen von z.B. Kraftstofftanks, mit geeigneten Mitteln der Feuerwehr, sollten diese Ziele erreicht werden.

4.2.1 Auffangen

Zum Auffangen können beispielsweise die Mulden genutzt werden, die nach Norm auf jedem Löschfahrzeug mitgeführt werden. Weiterhin gibt es die Möglichkeit, die Lagerkästen des Fahrzeugs zu nutzen. Eine andere Variante ist das Kuppeln einer Ringleitung aus Saugschläuchen und das Einlegen einer Plane.

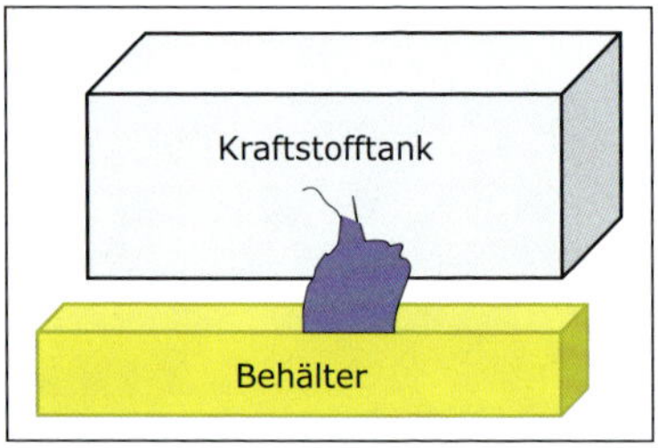

Abbildung 62: Auslaufende Flüssigkeit auffangen (Quelle: Dominique Christ)

Abbildung 63: Faltwanne unter Fahrzeugtank (Quelle: Dominique Christ)
Abbildung 64: Mulde verzinkt, unter Fahrzeugtank (Quelle: Dominique Christ)

Auch mit A-Saugschläuchen, Kanthölzern, Leinen und einer Bereitstellungsplane lässt sich ein Provisorium bauen. Weit verbreitet sind mittlerweile auch Faltwannen aus Planenmaterial in allen vorstellbaren Größen.

Abbildung 65: Ringleitung mit Plane (Quelle: Dominique Christ)
Abbildung 66: Saugleitung mit Plane (Quelle: Dominique Christ)

4.2.2 Eindämmen (Eindeichen)

Das Aufschütten eines Walls aus z.B. Bindemittel, Erdreich, Sand oder mit Eindeichsystemen kann als schnelle Maßnahme an der Einsatzstelle die Ausbreitung der umweltgefährdenden Flüssigkeit vorübergehend verhindern. Dies kann beispielsweise vor oder um einen Straßeneinlauf passieren oder entlang einer Straßenrinne.

Abbildung 67: Wall aus Ölbindemittel (Quelle: Dominique Christ)
Abbildung 68: Wall aus Erdreich (Quelle: Dominique Christ)

4.2.3 Abdichten

Beim Abdichten versucht man, die fehlerhafte oder defekte Austrittstelle provisorisch zu schließen, damit das Medium im ursprünglichen Gebinde bleibt und nicht weiter austritt. Dabei könnten diverse Ausrüstungsgegenstände von Löschfahrzeugen und Rüstwägen sowie Spezialfahrzeugen zum Einsatz kommen. Hier können beispielsweise Weichholzkeile, Dichtungspfropfen, Dichtmassen, Binden, pneumatische Abdichtsysteme wie Rohrdichtkissen oder Tankbinden und Wassersäcke genannt werden.

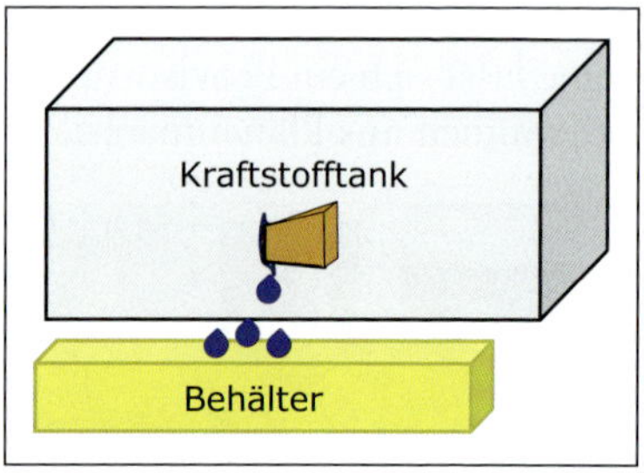

Abbildung 69: Abdichten eines Tanks (Quelle: Dominique Christ)

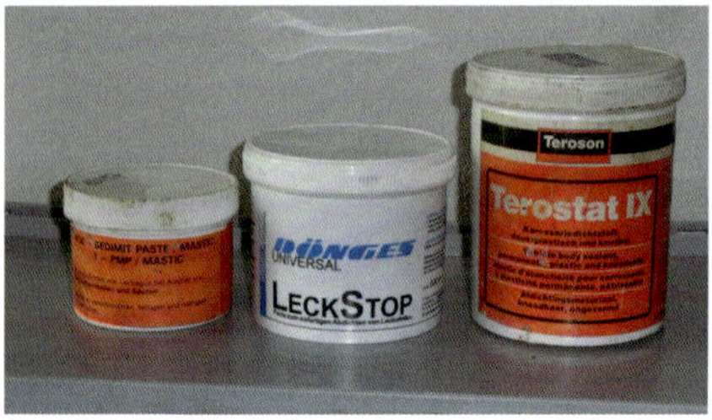

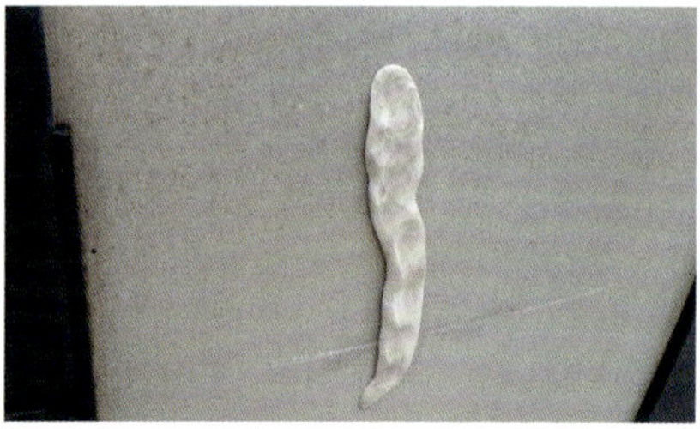

Abbildung 70: Diverse Dichtmassen (Quelle: Dominique Christ)
Abbildung 71: Dichtmasse im Einsatz (Quelle: Dominique Christ)

Abbildung 72: Diverse Weichholzkeile (Quelle: Dominique Christ)
Abbildung 73: Weichholzkeil im Einsatz (Quelle: Dominique Christ)

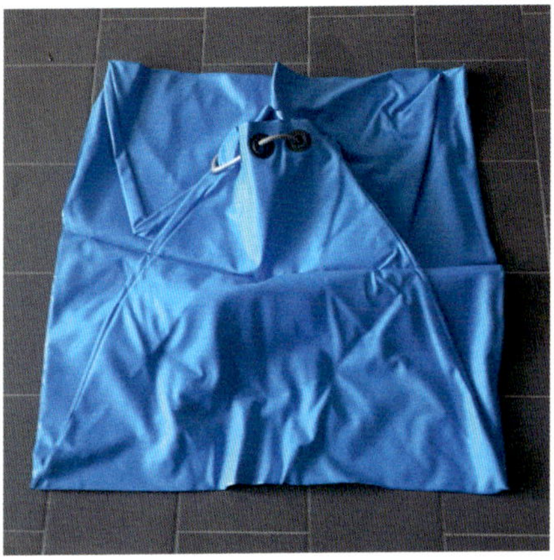

Abbildung 74: Nicht befülltes Dichtkissen (Quelle: Dominique Christ)
Abbildung 75: Dichtkissen im Einsatz (Quelle: Dominique Christ)

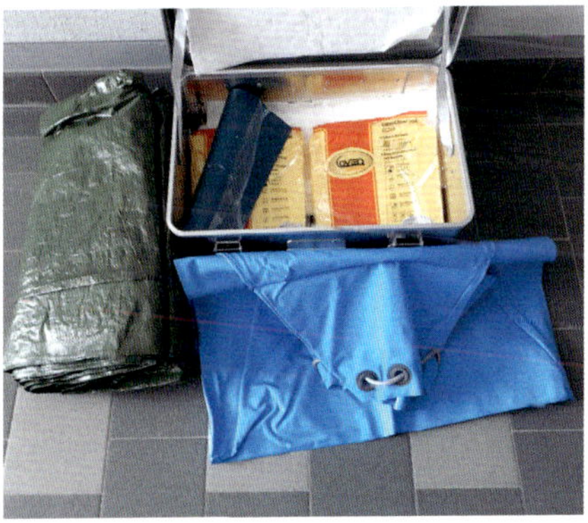

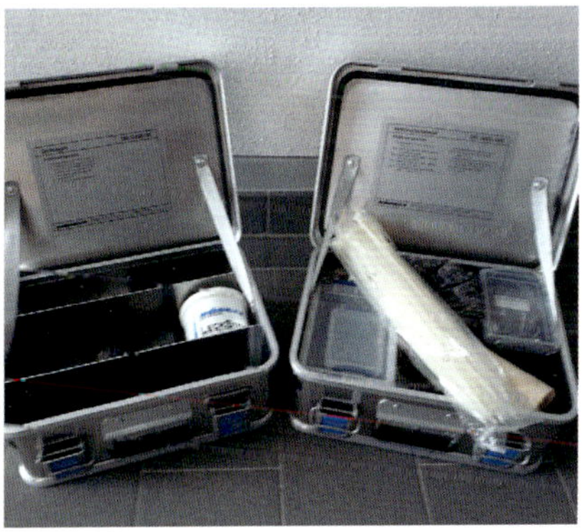

Abbildung 76: Auf RW und ggf. HLF verlastet: Beladungssatz Umweltschaden (DIN 14800-15) (Quelle: Dominique Christ)
Abbildung 77: Auf RW und ggf. HLF verlastet: Beladungssatz Verbrauchsmaterial (DIN 14800-14) und Beladungssatz Dichtungen (DIN 14800-10) (Quelle: Dominique Christ)

4.2.4 Umpumpen

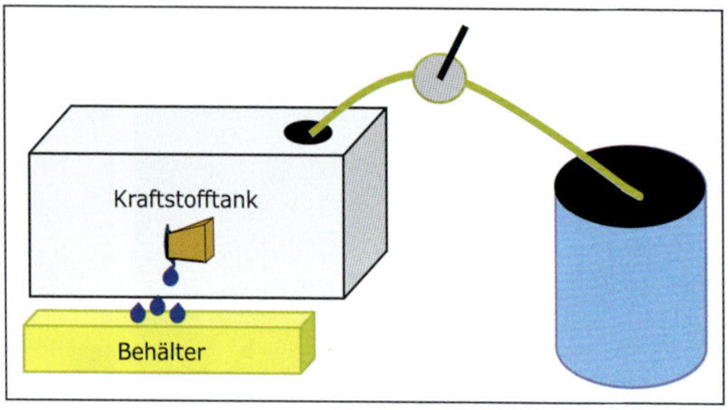

Abbildung 78:
Einsatz einer Umfüllpumpe (Quelle: Dominique Christ)

Auf dem HLF 20 ist nach Norm eine Kraftstoffumfüllpumpe verlastet. Diese ist für kleinere Mengen dimensioniert, um beispielsweise aus einem Pkw-Tank den Treibstoff abzupumpen. Weiterhin gibt es aber auch größer dimensionierte Pumpen, wie z.B. die Gefahrstoff-Umfüllpumpe (GUP) auf dem Gerätewagen-Gefahrgut, mit der in Verbindung mit entsprechenden Auffangbehältern mehrere tausend Liter Mineralöl umgefüllt werden können. Hierbei reicht die technische Ausführung von der kleinen Flügelradpumpe, die mit einem Akku-Schrauber betrieben wird, über Druckluft-Membrane und Druckluft-Injektorpumpen bis hin zu Schlauch- und Kreiselpumpen.

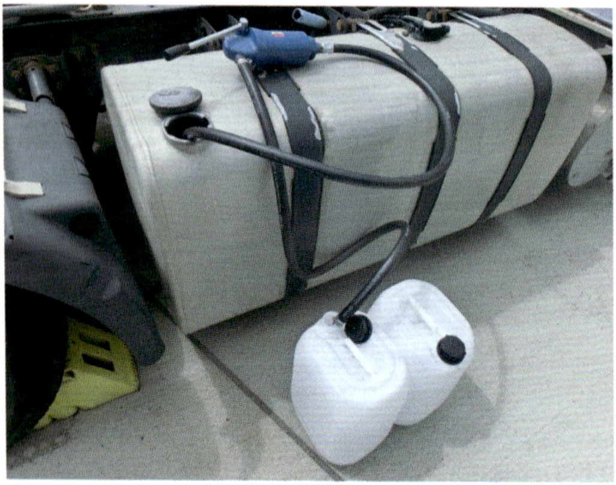

Abbildung 79: Handumfüllpumpe im Einsatz (Quelle: Dominique Christ)
Abbildung 80: Tragbare Mineralöl-Umfüllpumpe (Quelle: Dominique Christ)

4.2.5 Weiterführende Maßnahmen

Im ABC-Einsatz nimmt man sich die *GAMS-Regel* als Gedankenstütze zu Hilfe. Im Falle der Verkehrsflächenreinigung mit Mineralölaustritt könnte man von C-Gefahrstoffen sprechen. In den meisten Fällen jedoch wird die Ölspurbeseitigung mit weitaus weniger Aufwand und Umfang durchgeführt als in einem ABC-Einsatz.

Gefahr erkennen
Absperrmaßnahmen einleiten
Menschenrettung durchführen
Spezialkräfte nachfordern

Das **S für Spezialkräfte nachfordern** findet aber auch hier Anwendung. Je nachdem welche Straße, Gewässer oder Teil der Umwelt betroffen sind, sollten die **zuständigen Fachbehörden** informiert werden und zur Einsatzstelle kommen.

Hinweis: Die Alarmierung der zuständigen Fachbehörden erfolgt über die jeweilige integrierte Leitstelle. Der Einsatzleiter vor Ort erkundet die Lage und veranlasst die Alarmierung der jeweiligen Fachabteilung des Umweltamtes oder der Umweltbehörde.

4.2.6 Zuständige Fachbehörden

Zuständige Fachbehörden, wie z.B. der Straßenbaulastträger oder die Umweltbehörde, entscheiden über weitere erforderliche Anordnungen und Maßnahmen.

Beispiel: Durch einen Unfall mit zwei LKW wurde der Kraftstofftank eines LKWs beschädigt. Mehrere hundert Liter Diesel sind ausgetreten. Der Fahrbahnbelag aus Flüsterasphalt, das Bankett und umliegendes Erdreich wurden mit Diesel verschmutzt.

Zum Schutze für Menschen, Tiere, Umwelt und Sachwerte werden im Verlauf des Einsatzes folgende Stellen alarmiert, die jeweils eigene Aufgaben haben:

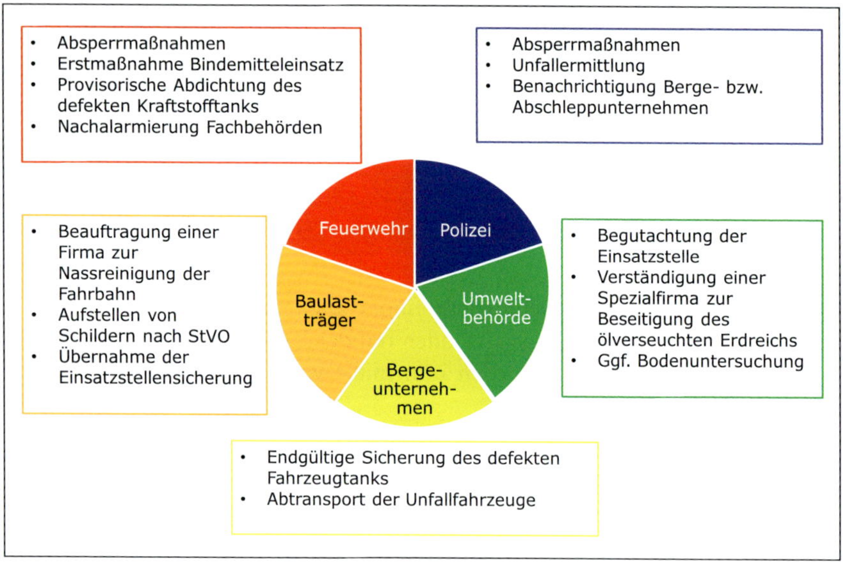

Abbildung 81: Aufgaben der beteiligten Stellen (Quelle: Andreas Büttner)

Die Ziele der beteiligten Stellen sollten folgende sein:

- Reinigung der Straßenverkehrsfläche, um die Rutschfestigkeit zu erreichen, welche auf unverschmutzter Verkehrsfläche herrscht und vergleichbar ist.
- Verhinderung der Ausbreitung wassergefährdender Stoffe in das Grundwasser, oberirdische Gewässer und in den Boden.
- Die Umwelt sollte keine Spätfolgen durch die Verschmutzung erleiden.

Tabelle 5: Zuständigkeiten

Verunreinigung von Gewässern und Umwelt	Untere Umweltbehörde (z.B. Landratsamt)
Ordnungsgemäße Reinigung von verschmutzten Verkehrsflächen	Zuständiger Baulastträger
Absichern von verschmutzten Verkehrsflächen	Polizei (ggf. unterstützt durch Feuerwehr)
Beauftragung von Reinigungsfirmen und Spezialgeräten	Baulastträger oder nach Vereinbarung die Feuerwehr
Vorhalten von geeigneten Nassreinigungsmaschinen	Private Unternehmen, vereinzelt Kommunen (z.B. BF Düsseldorf)
Beschilderung nach StVO aufstellen	Baulastträger, zertifizierte Unternehmen
Freigabe der Verkehrsfläche	Baulastträger oder stellvertretend die Polizei

Hinweis:

- Das Umweltamt mit seinen Abteilungen für Umwelt und Gewässer begutachtet die Einsatzstelle und veranlasst weitere Maßnahmen.
- Der Straßenbaulastträger beurteilt die Verkehrsfläche und entscheidet über spezielle Reinigungsverfahren (Feuerwehr sollte nur nach Absprache mit dem Straßenbaulastträger ein Drittunternehmen beauftragen).
- Private Firmen bieten einen Bereitschaftsdienst 24/7 an und verfügen über Spezialfahrzeuge und Beschilderung nach StVO.

Abbildung 82: Nassreinigung (Quelle: Andreas Büttner)
Abbildung 83: Schild nach StVO (Quelle: Dominique Christ)

4.3 Beseitigung von Verunreinigungen

Wenn die unmittelbare Gefahrenabwehr erledigt ist, sollten die folgenden Maßnahmen unbedingt mit dem Baulastträger abgesprochen werden. Dieser kann die Situation und den Umfang der Verunreinigung oft besser einschätzen und hat meist auch eine Reihe von Spezialmaschinen oder dritte Unternehmen an der Hand, die professionell die Verunreinigung entfernen können. Nachfolgend werden die möglichen Reinigungs- und Beseitigungsverfahren detailliert beschrieben.

4.3.1 Einsatz von Bindemitteln

Fällt die Entscheidung auf den Einsatz von Bindemitteln, dann sollten die nachfolgenden Punkte berücksichtigt werden:

- Bevor Bindemittel eingesetzt wird, sollte auch auf die Unfallaufnahme durch Polizei oder durch Sachverständige Rücksicht genommen werden, um hier nicht unnötig Spuren zur Beweissicherung zu verwischen.
- Das Bindemittel kann direkt aus dem Sack, aus Eimern oder mittels Streugut-Handwägen aufgebracht werden.

- Das Bindemittel wird abhängig von der Schadstoffmenge so dick aufgetragen, dass erkennbar ist, dass das Bindemittel den Schadsoff aufnimmt.
- Das Bindemittel muss mittels Besen oder Kehrmaschine in den Belag eingearbeitet werden.
- Das Bindemittel muss abhängig von den Herstellerangaben bis zu 20 min. auf dem Belag verweilen.
- Achtung Staubschutz! Manche Bindemittel stauben stark beim Ausbringen.
- Das gesättigte Bindemittel muss nach der Verweildauer vollständig aufgenommen werden. Dies kann mit Straßenbesen oder Kehrmaschinen erfolgen.
- Es dürfen keine Bindemittelreste an der Einsatzstelle verbleiben.
- Bei regennasser Fahrbahn ist bei vielen Bindemitteln nicht erkennbar, ob Wasser oder Öl gebunden wurde. In diesem Fall sollte Bindemittel eingesetzt werden, das stark wasserabweisend ist.
- Der Reinigungsvorgang mit Bindemittel muss u.U. mehrmals wiederholt werden.

Abbildung 84: Streugutwagen (Quelle: Andreas Büttner)
Abbildung 85: Gesättigtes Bindemittel ändert die Farbe (Quelle: Dominique Christ)

Hinweis: Die Beurteilung, ob die Verkehrsfläche nach dem Ölbindemitteleinsatz ihre vorherige Griffigkeit zurück hat, ist äußerst schwierig zu beurteilen und sollte nie durch die Feuerwehr erfolgen.

Nachfolgend soll in der Makroansicht im Schnittbild einer Verkehrsfläche beschrieben werden, wie sich das Ölbindemittel auf dem Straßenbelag im Einsatz verhält.

Im Querschnitt des Straßenbelags ist erkennbar, dass dieser viele Spalten, Risse und Poren aufweist. Abhängig von der Deckschichtbeschaffenheit sind sie stärker bzw. weniger stark ausgeprägt. Bei offenporigem Asphalt beispielsweise ist dies extrem ausgeprägt. Der Ölbindemitteleinsatz würde diese gewünschten Poren versiegeln und zerstören. Ausgetretene Betriebsmittel wie Öl oder Kraftstoff dringen in die Öffnungen ein. Die Kapillarwirkung saugt die Flüssigkeit regelrecht in die Vertiefungen. Es ist davon auszugehen, dass eine Ölverschmutzung etliche Millimeter bzw. sogar Zentimeter tief in die Deckschicht eindringt. Wird das Bindemittel von der Feuerwehr ausgebracht, so muss dieses mechanisch in den Belag eingearbeitet werden. Nur so kann davon ausgegangen werden, dass auch die tiefer liegenden Ebenen erreicht werden. Das Bindemittel saugt die Flüssigkeit aus den Vertiefungen. Dies kann einige Zeit in Anspruch nehmen.

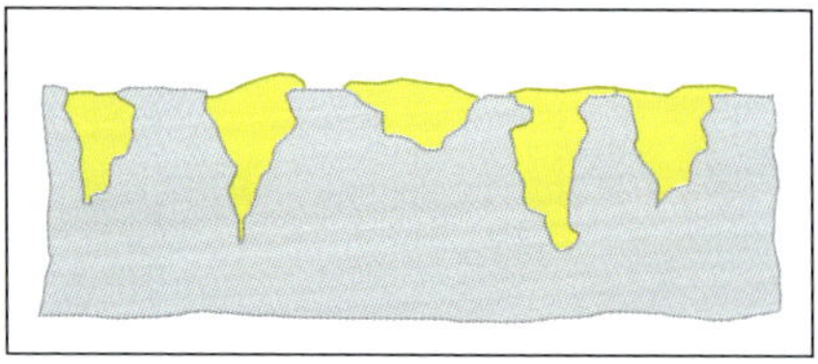

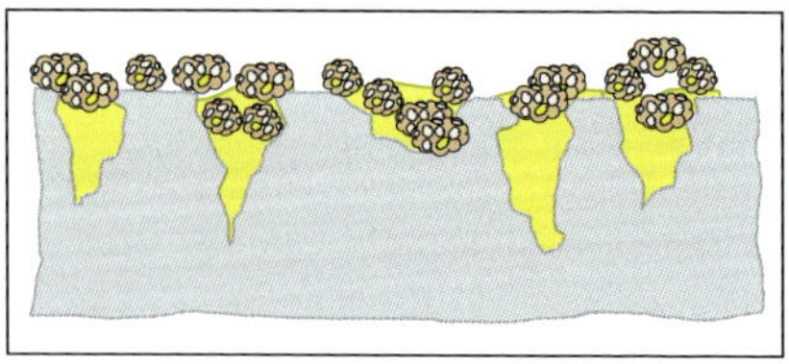

Abbildung 86: Eingedrungenes Öl in Straßenbelag (Quelle: Andreas Büttner)
Abbildung 87: Ausgebrachtes Ölbindemittel (Quelle: Andreas Büttner)

Durch die Korngröße des Bindemittels kann nicht sichergestellt werden, dass auch alle tiefer liegenden Öffnungen und Poren erreicht werden. Es muss sichergestellt werden, dass das Bindemittel nach der Einwirkzeit möglichst allumfänglich aufgenommen wird. Kehrmaschinen mit Saugfunktion erzielen hier bessere Ergebnisse, als der Einsatz von Handbesen. Wenn die betroffene Stelle durch Regen nass wird, dringt das schwerere Wasser in die Poren und Risse des Belags ein. Sind dort noch Reste der Ölverschmutzung vorhanden, werden diese samt den verbliebenen Ölbinderresten aufgeschwemmt. In diesem Moment entsteht eine ähnlich gefährliche Situation, wie vor dem Bindemitteleinsatz.

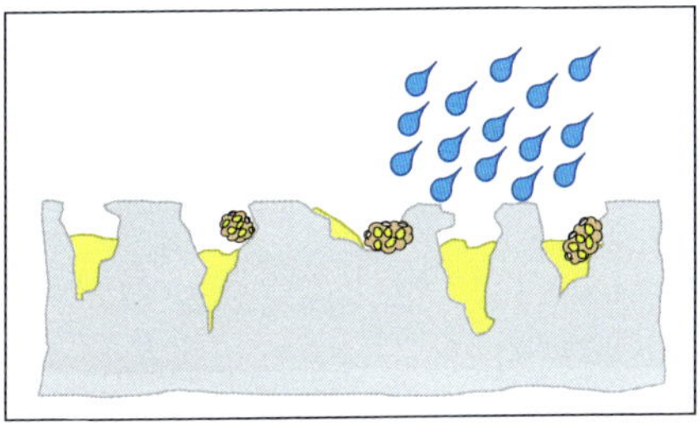

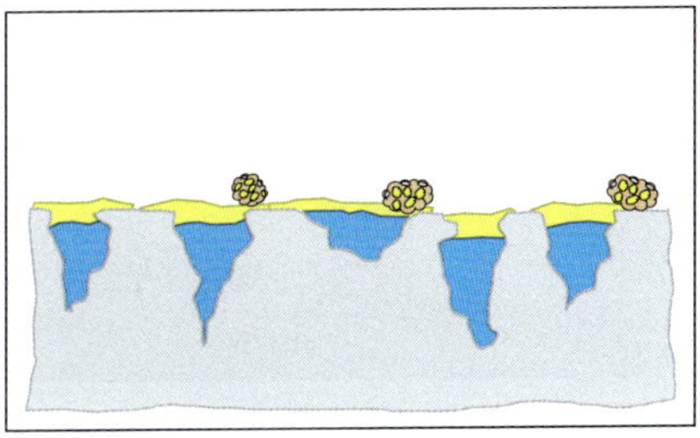

Abbildung 88: Regen auf abgebundener Ölspur (Quelle: Andreas Büttner)
Abbildung 89: Aufschwemmen von Resten (Quelle: Andreas Büttner)

Abbildung 90: Alte Ölspur, die durch Regen ausgeschwemmt wurde (Quelle: Dominique Christ)

4.3.2 Einsatz von Flüssigreinigern

Wenn von der Feuerwehr Flüssigreiniger eingesetzt werden, ist folgendes zu beachten:

- Der Einsatz von Flüssigreinigern wird im DWA-Merkblatt M715 als nasses Nachreinigungsverfahren nach dem Ölbindereinsatz empfohlen.
- Flüssigreiniger sind Mittel, die die Oberflächenspannung einer Flüssigkeit stark herabsetzen. Wie vorhergehend beschrieben, kapseln diese

Mittel die Ölreste ein und treiben durch deren geringere Dichte an die Oberfläche.

- Nassreinigungsmittel müssen mit geeigneten Saugern **vollständig** aufgenommen werden.
- Der Reinigereinsatz sollte sparsam erfolgen.

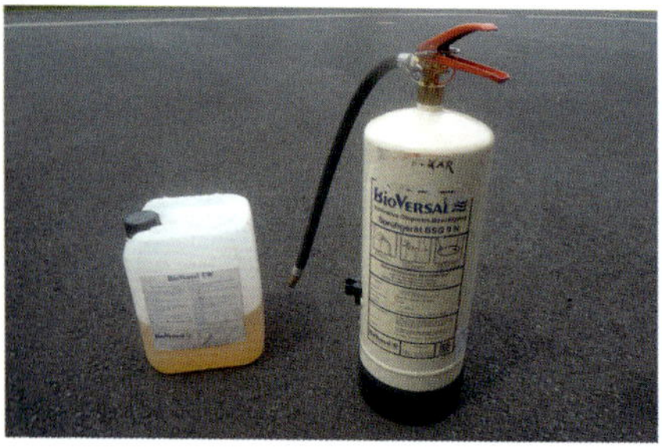

Abbildung 91: Flüssigreiniger im Drucksprüher (Quelle: Andreas Büttner)
Abbildung 92: Ausgebrachter Flüssigreiniger (Quelle: Andreas Büttner)

Das Reinigungsmittel wird als Konzentrat oder in Kombination mit Wasser durch Pumpspritzen aufgebracht. Die Reinigerflüssigkeit dringt in die Poren ein und kapselt kleinste Öltröpfchen ab. Durch die geringere Dichte gegenüber der Reinigerflüssigkeit treiben die Tröpfchen an die Oberfläche. Es erfolgt eine porentiefe Lösung der Ölreste. Kleinsttröpfchen treiben an die Oberfläche und sammeln sich dort an. Bindemittelrückstände werden mit nach oben getrieben.

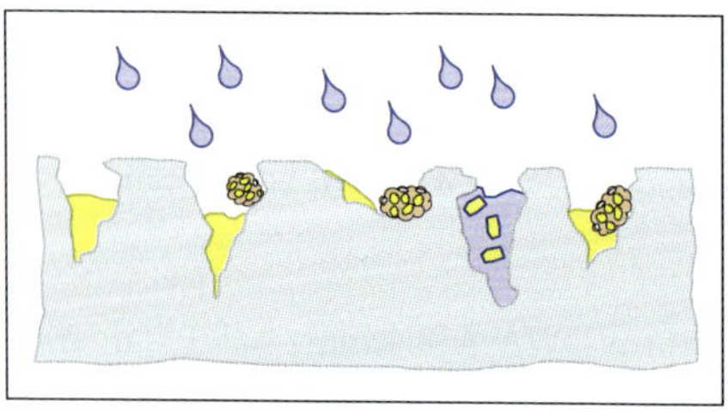

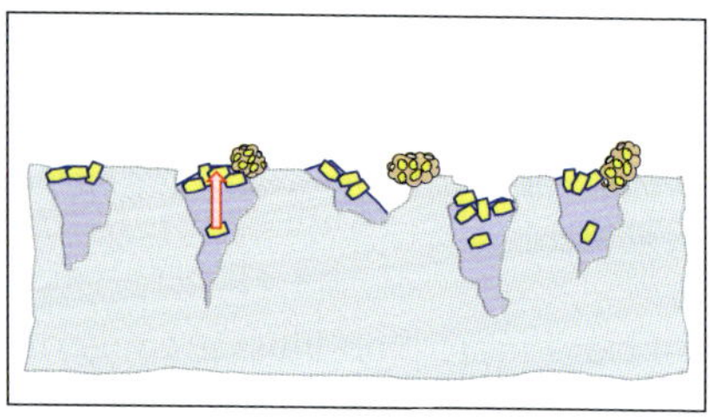

Abbildung 93: Aufbringen von Flüssigreiniger (Quelle: Andreas Büttner)
Abbildung 94: Eindringprozess von Flüssigreiniger (Quelle: Andreas Büttner)

Das Reinigungsmittel wird als Konzentrat oder in Kombination mit Wasser durch Pumpspritzen aufgebracht. Die Reinigerflüssigkeit dringt in die Poren ein und kapselt kleinste Öltröpfchen ab. Durch die geringere Dichte gegenüber der Reinigerflüssigkeit, treiben die Tröpfchen an die Oberfläche. Es erfolgt eine porentiefe Lösung der Ölreste. Kleinsttröpfchen treiben an die Oberfläche und sammeln sich dort an. Bindemittelrückstände werden mit nach oben getrieben. Die Flüssigkeit muss nach der Einwirkdauer komplett aufgesaugt werden. Das Aufsaugen kann mittels Nasskehrmaschine, Reinigungsfahrzeugen, oder mit Industrie-Nasssaugern erfolgen. Das Gemisch ist der fachgerechten Entsorgung zuzuführen.

Abbildung 95:
Absaugen der Emulsion
(Quelle: Andreas Büttner)

Anmerkung: Im DWA-M715 Merkblatt wird gefordert, dass bei der Nassreinigung mit Reinigungsmitteln die Flüssigkeit komplett aufgenommen werden muss. Das Wegspritzen mit einem Tanklöschfahrzeug ist somit nicht zulässig. Dennoch ist es nicht immer möglich, dass die Verschmutzung zu 100% beseitigt werden kann, gerade wenn z.B. Kleinmengen ins Bankett geraten sind. Hier empfiehlt sich der Einsatz von Reinigungsmitteln, welche einen sehr hohen und schnellen biologischen Abbaugrad in der Natur haben. Diese Reiniger zersetzten verbliebene Ölreste innerhalb weniger Stunden bzw. Tage in unschädliches Wasser und Kohlenstoffdioxid.

4.3.3 Nassreinigungsverfahren

Die maschinelle Nassreinigung ist ein Verfahren, das mit einem Spezialfahrzeug durchgeführt wird. Diese Fahrzeuge sind im Normalfall nicht bei den Feuerwehren verfügbar, sondern werden durch spezialisierte Unternehmen vorgehalten. Dementsprechend bedarf es der Beauftragung eines solchen Unternehmens.

Prinzipiell gibt es zwei Verfahren, die technisch zur Verfügung stehen:

■ Hochdruck-Vakuum-Technik

Heißwasser wird unter Hochdruck durch rotierende Bürsten aufgebracht. Dabei löst der Wasserstrahl die Verschmutzung porentief. Alle Flüssigkeiten werden durch einen starken Sauger aufgenommen. Das Verfahren kann mit Flüssigreiniger kombiniert werden.

Beim Hochdruck-Vakuum-Nassreinigungsverfahren wird Heißwasser (ca. 70–90 °C) mit Hochdruck (bis ca. 250 bar) über rotierende Sprühbalken auf den Belag gespritzt. Dabei löst sich die ölige Verschmutzung. Im gleichen Arbeitsschritt wird die Flüssigkeit mit starkem Saugdruck aufgenommen. Die aufgenommene Schmutzflüssigkeit wird im Fahrzeugtank gesammelt. Optional kann vorneweg ein Flüssigreiniger aufgebracht werden.

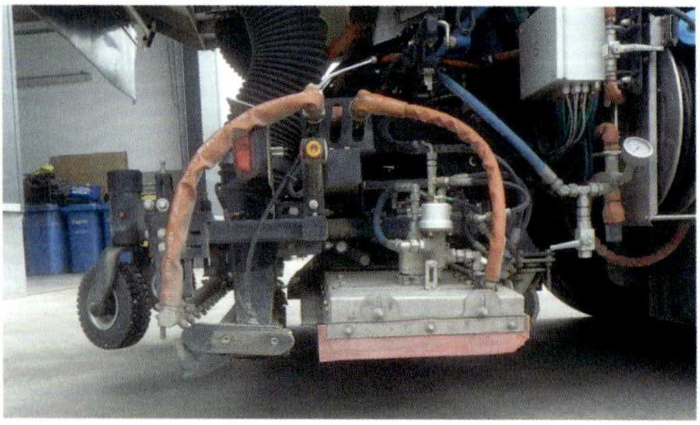

Abbildung 96: Hochdruck-Reinigungsaufbau unter einem Saug-LKW (Quelle: Andreas Büttner)

Abbildung 97: Hochdruck-Rotationsdüse (Quelle: Andreas Büttner)

Abbildung 98: Prinzip der Hochdruck-Vakuum-Technik (Quelle: Andreas Büttner)

■ Schrupp-Saug-Technik

Ein Wasser-Tensid-Gemisch wird ohne Druck aufgesprüht und mit rotierenden Besen eingearbeitet. In der nachfolgenden Anordnung befindet sich ein Saugbalken, der alle Flüssigkeiten aufnimmt.

Abbildung 99: Bürstwerk einer Reinigungsmaschine (Quelle: Andreas Büttner)
Abbildung 100: Vakuumsauger zur Aufnahme (Quelle: Andreas Büttner)

Die maschinelle Nassreinigung bietet Vorteile gegenüber anderen Verfahren, da die Maschine in einem Arbeitsgang die Verschmutzung beseitigen kann:

- Optionales Aufbringen von Wasser-Tensid-Gemisch zum Lösen diverser Stoffe

- Einarbeiten des Gemisches durch Bürsten oder hohem Druck (bis zu 200 – 300 bar)
- Restloses Aufnehmen der Emulsion
- Aufnehmen von aufgebrachtem Bindemittel
- Zeitvorteil gegenüber anderen Reinigungsverfahren
- Rückstandsfreie Verkehrsfläche

Hinweis: Die Beauftragung von Firmen für das Nassreinigungsverfahren wird vom Straßenbaulastträger oder stellvertretend durch die Polizei vorgenommen.

Firmen bieten Verträge für die Kommunen zur Reinigung von Verkehrsflächen an. Dies muss allerdings im Vorfeld vereinbart sein.

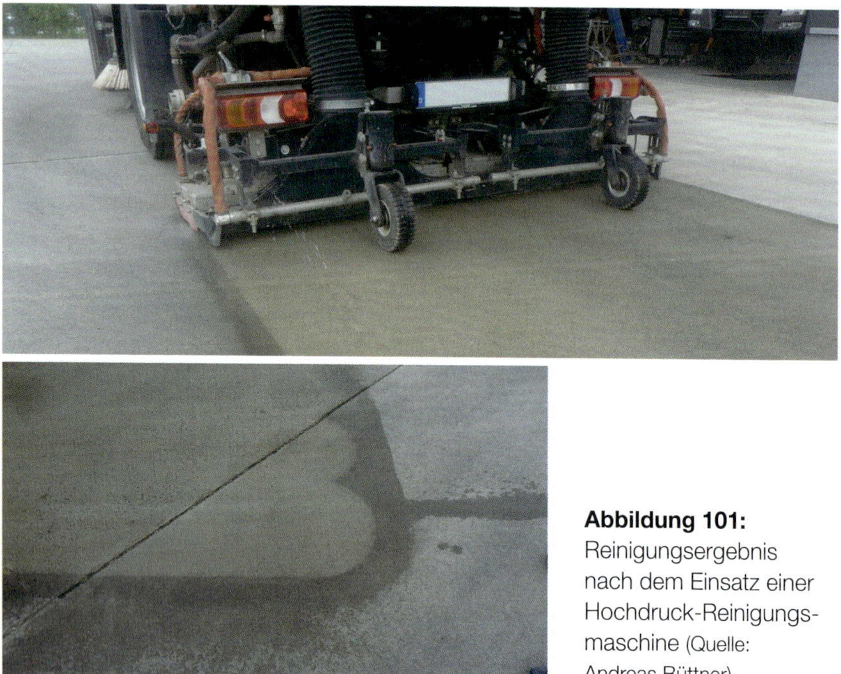

Abbildung 101: Reinigungsergebnis nach dem Einsatz einer Hochdruck-Reinigungsmaschine (Quelle: Andreas Büttner)

Abbildung 102: Beschreibung der Funktionen einer kombinierten, automatischen Reinigungsmaschine
(Quelle: Andreas Büttner)

Beim Anspruch an die Qualität der durchgeführten Straßenreinigungsmaßnahmen spricht man von der Wiederherstellung der ursprünglichen Griffigkeit der Straße.

Ein Ölbindemittel muss 80 % Wiederherstellung erreichen, um die Zulassung als geeignetes Bindemittel nach z.B. III R zu bekommen.

Nassreinigungsmaschinen sollten nach einem Prüfverfahren zertifiziert sein. Hier gibt es unterschiedliche Zertifizierungsverfahren, bei denen immer der ursprüngliche Zustand der Straße mit dem Wiederherstellungsgrad verglichen wird:

- RAL GGVU (RAL Gütegemeinschaft für Verkehrsflächenreinigung und Unfallstellensanierung e.V.) → 95 % Wiederherstellung
- VDI-Richtlinie 4089 → 90 % Wiederherstellung
- DEKRA → 85% Wiederherstellung

Auch wenn die Nassreinigungsmaschine einen hervorragenden Reinigungsgrad erreicht, obliegt die Verantwortung über die ordnungsgemäße Wiederherstellung der ursprünglichen Griffigkeit beim Baulastträger. Deshalb sollte sich dieser nach dem Einsatz immer vor Ort davon überzeugen. Auch nass gereinigte Ölspuren sind u.U. noch Wochen sichtbar, da der Treibstoff im Bitumen des Straßenbelags eine Verfärbung hinterlässt.

Das aufgenommene Gemisch aus Wasser, Schmutz und Betriebsmitteln muss über die Sondermüllentsorgung vernichtet werden.

4.3.4 Abtragen von Erdreich

Wenn die ausgetretene Schadstoffmenge zum Großteil in den unbefestigten Boden gelangt ist, kann die Umweltbehörde das Ausbaggern und Entsorgen des kontaminierten Bodens veranlassen. Üblicherweise wird ein örtliches Bauunternehmen, welches über Bagger und Muldenkipper verfügt, beauftragt, die Schadstelle auszukoffern. Das kontaminierte Erdreich gilt als „gefährlicher Stoff“ im Sinne der Abfallverzeichnis-Verordnung. Es muss fachgerecht der Schadstoffentsorgung mit Nachweis zugeführt werden. Die dabei entstehenden Kosten können über den Versicherer des Verursachers abgerechnet werden.

4.4 Freigabe von Straßen

Wer hat die Berechtigung, eine Verkehrsfläche nach erfolgten Maßnahmen wieder frei zu geben? Hier kommt es immer wieder zu Diskussionen. Der Gesetzgeber hat hier aber klare Richtlinien.

4.4.1 Übergabe der Einsatzstelle

Wann kann die Feuerwehr die Einsatzstelle verlassen?

Nach erfolgter Gefahrenabwehr durch die Feuerwehr und Absicherung durch den Straßenbaulastträger oder stellvertretend der Polizei, kann die Feuerwehr die Einsatzstelle übergeben und diese dann verlassen.

*Beispiel: Nach einem Kleinbrand in einer Wohnung wird die Einsatzstelle nach Beendigung aller feuerwehrtechnischen Maßnahmen an den **Eigentümer** übergeben.*

Bei einem Ölspureinsatz ist die Einsatzstelle an den **Baulastträger,** der in diesem Fall den **Eigentümer** vertritt, zu übergeben. Stellvertretend kann die Einsatzstelle an die Polizei übergeben werden, wenn der Baulastträger nicht an der Einsatzstelle erscheint.

Hinweis:

- Grundsätzlich gibt der Straßenbaulastträger die Straße frei!
- Stellvertretend ist die Polizei (§ 44 Abs. 2 StVO) zuständig.
- Gibt die Feuerwehr die Straße frei, so übernimmt diese die Verantwortung für den ordnungsgemäßen Zustand. Käme es zu einem nachweislichen Folgeunfall, so könnte die verantwortliche Führungskraft belangt werden.

4.4.2 Dokumentation

Für den Kostenersatz, sowie die Dokumentation des Einsatzes sollten Informationen gesammelt werden. Diese sind für die Einsatzberichterstattung sowie die Beweisdokumentation bei eventuell späteren Verhandlungen wichtig, um im Zweifelsfall ungerechtfertigte Regressansprüche im Falle des Schadensersatzes abwehren zu können. Ebenso benötigt die Gemeinde- oder Stadtverwaltung die Daten für die Einsatzkostenabrechnung an den Verursacher.

Inhalt der Informationen:

- Name und Adresse des Verursachers
- Zuständiger Baulastträger
- Polizeibeamter vor Ort: Name, Dienstgrad, Dienststelle
- Straßenabschnitt: Kilometerzahl, markante Punkte
- Ausmaß, Art und Umfang der Verunreinigung
- Umfang der Straßenabsperrmaßnahmen und Begründung
- Fotos für Beweisaufnahme, für spätere Verhandlungen
- Liste mit verbrauchtem Material, eingesetztem Gerät und Personal

Hinweis: Dokumentation ist wichtig!

Die Vergangenheit zeigt, dass Verursacher mithilfe eines Anwalts die Art und den Umfang der Einsatzmaßnahmen anzweifeln, um Kosten zu senken.

4.4.3 Aufstellen von Warnbeschilderung

Das Aufstellen von Warnschildern zur Absicherung vor Gefahren obliegt im Regelfall geschultem Personal.

Die RSA-Schulung (Richtlinien für die Sicherung von Arbeitsstellen an Straßen, *RSA95*) beinhaltet das richtige Aufstellen von Schildern nach StVO. Diese findet meist Anwendung im Bereich der planbaren Einsatzstellen auf Verkehrswegen.

Des Weiteren sollte im Bereich der Verkehrsbeschilderung ein Wissen über die StVO vorausgesetzt werden.

Hinweis: Stellt die Feuerwehr Warnschilder nach StVO auf, haftet sie u.U. für Unfälle, die durch falsch aufgestellte Schilder entstünden. Der Straßenbaulastträger hat die notwendige Ausbildung und Fachkenntnis, um diese Maßnahmen durchzuführen. Kommunen, die ihre Feuerwehr in ihrem Bereich schulen, müssen dies schriftlich anordnen (verkehrsrechtliche Anordnung).

4.5 Reinigung und Entsorgung von Einsatzmitteln

Nachdem man davon ausgehen muss, dass die Stoffe, mit denen die Feuerwehr und deren Geräte in Kontakt gekommen sind, gesundheitsschädlich sind, ist darauf zu achten, dass nach dem Einsatz eine ordentliche Reinigung und Wiederherstellung der Einsatzbereitschaft stattfindet.

4.5.1 Schwarz-Weiß-Trennung

Vergleichbar mit der Schwarz-Weiß-Trennung im Brandeinsatz sollte auch bei Ölbeseitigungseinsätzen darauf geachtet werden, dass die Verunreinigungen durch den Einsatz nicht unnötig weit verschleppt werden.

Abbildung 103: Transport kontaminierter Ausrüstung nach dem Einsatz (Quelle: Dominique Christ)

Schwarz-Weiß-Trennung beginnt bereits an der Einsatzstelle. So könnten die zu treffenden Maßnahmen wie folgt aussehen:

- Benetzte Einsatzkleidung an der Einsatzstelle ausziehen und in Säcke verpacken
- Feuerwehrstiefel entweder an der Einsatzstelle, aber spätestens im Gerätehaus an der Stiefelwascheinrichtung reinigen
- Verschmutzte Ausrüstung im Fahrzeugaufbau und nicht im Mannschaftsraum transportieren
- Ölverschmutzte Betriebsmittel mit Versorgungsfahrzeugen von der Einsatzstelle abtransportieren
- Hygieneboard an der Einsatzstelle nutzen, um Hände mit Seife zu reinigen!
- Hygieneboards bestehen üblicherweise aus einem Wasserhahn vom Wassertank, Seifenspender, Desinfektion, Bürste, Müllsack und ggf. Druckluftpistole

Hinweis: Schwarz-Weiß-Trennung und Einsatzstellenhygiene geht jeden etwas an! Sorgfältige Arbeit beugt Erkrankungen vor und erleichtert die Arbeit.

4.5.2 Reinigung von Gerätschaften

Um die Verschleppung der aufgenommenen Betriebsmittel zu verhindern, müssen Einsatzmittel wie Werkzeuge, Geräte und Kleidung nach dem Einsatz ordentlich gereinigt werden. Ist eine Reinigung nur mit erheblichem Aufwand oder gar nicht möglich, so können Einsatzmittel auch entsorgt werden und dem Verursacher in Rechnung gestellt werden.

Verschmutzte Gerätschaften sollten nach dem Einsatz separat und ggf. verpackt in Säcken oder Folien zurücktransportiert werden. Hierbei könnte man leere Gerätefächer für den Rücktransport nutzen. Die verschmutzten Gerätschaften sollten bis zur Reinigung idealerweise im überdachten Außenbereich gelagert werden, um entstehende Dämpfe nicht ins Gerätehaus zu verschleppen. Für die Reinigung ist dann immer eine Fläche zu wählen, die über einen Ölabscheider entwässert ist, um die Einleitung von öligen Abwässern in die Kläranlage zu vermeiden.

Mit einem Dampfstrahler oder einem Hochdruckreiniger lassen sich die Geräte einfach reinigen. Wenn tensidhaltige Reinigungsmittel zum Einsatz kommen, ist darauf zu achten, dass die Einsatzmenge möglichst klein gehalten wird, um die Umweltbelastung gering zu halten und die Funktion des Ölabscheiders nicht zu stören. Nachdem das Reinigen verschmutzter Geräte keiner regelmäßigen Einleitung in das Abwassernetz entspricht, gilt die Abwasserverordnung über mineralölhaltiges Abwasser nicht.

Abbildung 104: Reinigung von Einsatzausrüstung nach einem Einsatz (Quelle: links und Mitte: Dominique Christ; rechts: Andreas Büttner)

Einsatzkleidung sollte nach dem Einsatz gewaschen werden. Bei Schutzanzügen, die mit der Waschmaschine gewaschen werden können, ist darauf zu achten, dass die Verschmutzung keine brennbaren Stoffe enthält, da diese beim Waschen ausdampfen und in der Maschine eine explosionsfähige Atmosphäre verursachen! Hier sollte die Kleidung mit dem Hinweis in die Spezialreinigung gegeben werden.

Hinweis: Schutzkleidung, die mit brennbaren Stoffen benetzt ist, nicht in konventionellen Maschinen waschen – Ex-Gefahr!

4.5.3 Entsorgung von Bindemittel

Mit Öl oder Treibstoff getränkte Bindemittel, Bindevliese aber auch Einsatzmittel, wie Einwegschutzkleidung etc., werden als „gefährlicher Stoff" nach der Abfallverzeichnis-Verordnung (AVV) eingestuft.

Man spricht hier auch von „ölverschmutzten Betriebsmitteln" (ÖVB) im Sinne der Abfallverzeichnis-Verordnung (AVV):

15 02 02 Aufsaug- und Filtermaterialien (einschließlich Ölfilter a. n. g.), Wischtücher und Schutzkleidung, die durch gefährliche Stoffe verunreinigt sind*
15 VERPACKUNGSABFALL, AUFSAUGMASSEN, WISCHTÜCHER, FILTERMATERIALIEN UND SCHUTZKLEIDUNG (a. n. g.)
**Einstufung als „gefährlicher Stoff"*

Hinweis: Ölverschmutzte Betriebsmittel, wie Ölbinder, Bindevliese etc., dürfen nicht im Restmüll entsorgt werden!

ÖVB – ölverschmutzte Betriebsmittel müssen der Sondermüllentsorgung zugeführt werden. Dort werden sie einer ordnungsgemäßen Verwertung zugeführt.

In der Einsatzpraxis gibt es mehrere Möglichkeiten, die gebrauchten Einsatzmittel der Feuerwehr abzugeben.

- Das **Abschlepp- und Bergeunternehmen**, das die verunfallten Fahrzeuge abtransportiert, nimmt das verbrauchte Bindemittel mit und entsorgt dieses fachgerecht, gemeinsam mit dem Unfallschrott. Die Entsorgungskosten werden über die Versicherung des Unfallverursachers abgerechnet.
- Der **Baulastträger** übernimmt die ÖVB, z.B. in Säcken verpackt, von der Feuerwehr und entsorgt diese fachgerecht. Die Entsorgungskosten werden über die Versicherung des Verursachers abgerechnet.
- Die Feuerwehr nimmt die ÖVB von der Einsatzstelle mit und führt sie der **kommunalen Entsorgung**, z.B. über den Bauhof zu. Dabei muss sichergestellt werden, dass sie der Sondermüllverwertung zugeführt werden.

4.6 Selbstkontrolle und Testfragen

(Lösungen siehe Seite 96)

1. Was sind die drei wichtigsten Aufgaben der Feuerwehr an der Einsatzstelle?

a) Freigabe der Verkehrsfläche
b) Wiederherstellen der Verkehrssicherheit für Verkehrsteilnehmer
c) Umweltverschmutzung für Böden und Gewässer minimieren
d) Sicherstellen des Brandschutzes
e) Erhaltung und Sicherung der Bausubstanz der Verkehrsfläche

2. Welche Fragen stellt sich ein Einheitsführer in der Planungsphase des Führungskreislaufs?

a) Wann muss ich für Verpflegung sorgen?
b) Wann kann ich die Verkehrsfläche wieder freigeben?
c) Welche Gefahren bestehen aktuell?
d) Welche Gefahren müssen zuerst bekämpft werden?
e) Wo sind die Straßenmeisterei und die Polizei?
f) Wo ist der Gefahrenschwerpunkt?

3. Wer beurteilt die Verkehrsfläche und wer gibt sie wieder für den Straßenverkehr frei?

a) Die Polizei, stellvertretend für den Straßenbaulastträger, wenn dieser nicht vor Ort ist
b) Der Straßenbaulastträger, da er die nötige Ausbildung und Erfahrung hat und in erster Linie dafür verantwortlich ist
c) Die Feuerwehr, da sie für die Gefahrenabwehr zuständig ist

Lösungen zu Kapitel 1.5: 1. c); 2. a); 3. a), b), c), d), e)

Lösungen zu Kapitel 2.4: 1. b); 2. a), c); 3. a), b)

Lösungen zu Kapitel 3.3: 1. c); 2. a); 3. a), b), c), d); 4. c)

Lösungen zu Kapitel 4.6: 1. b), c), e); 2. c), d), f); 3. a), b)